计算机专业·任务驱动应用型教材

JSP 程序设计

李爱超　范丽萍　徐　鉴　主　编
　　　　谭志刚　邱彩霞　副主编
　　　　蔡　鹏　祁欣颖

电子工业出版社
Publishing House of Electronics Industry
北京·BEIJING

内 容 简 介

本书以项目教学的方式,循序渐进地讲解 JSP 的基本原理和具体应用。

全书共 10 个项目,具体内容为:初识 JSP、HTML 语言基础、Java 语言基础、JSP 基本语法、JSP 内置对象、JavaBean 技术、Servlet 基础、表达式语言、JSP 的文件操作、访问数据库。

本书实例丰富、内容翔实、操作方法简单易学,不仅适合作为高等职业院校计算机类相关专业的教材,也可供从事 JSP 编程相关工作的专业人士参考。

未经许可,不得以任何方式复制或抄袭本书之部分或全部内容。
版权所有,侵权必究。

图书在版编目(CIP)数据

JSP 程序设计 / 李爱超,范丽萍,徐鉴主编. —北京:电子工业出版社,2023.7
ISBN 978-7-121-45904-7

Ⅰ. ①J… Ⅱ. ①李… ②范… ③徐… Ⅲ. ①JAVA 语言—网页制作工具 Ⅳ. ①TP312.8②TP393.092.2

中国国家版本馆 CIP 数据核字(2023)第 123975 号

责任编辑:王艳萍
印　　刷:涿州市京南印刷厂
装　　订:涿州市京南印刷厂
出版发行:电子工业出版社
　　　　　北京市海淀区万寿路 173 信箱　邮编 100036
开　　本:787×1 092　1/16　印张:14　字数:358.4 千字
版　　次:2023 年 7 月第 1 版
印　　次:2023 年 7 月第 1 次印刷
定　　价:49.00 元

凡所购买电子工业出版社图书有缺损问题,请向购买书店调换。若书店售缺,请与本社发行部联系,联系及邮购电话:(010)88254888,88258888。

质量投诉请发邮件至 zlts@phei.com.cn,盗版侵权举报请发邮件至 dbqq@phei.com.cn。
本书咨询联系方式:wangyp@phei.com.cn。

前言

党的二十大报告指出，教育、科技、人才是全面建设社会主义现代化国家的基础性、战略性支撑。必须坚持科技是第一生产力、人才是第一资源、创新是第一动力，深入实施科教兴国战略、人才强国战略、创新驱动发展战略，开辟发展新领域新赛道，不断塑造发展新动能新优势。

本书编者坚持以全面贯彻党的教育方针，落实立德树人根本任务，培养德智体美劳全面发展的社会主义建设者和接班人为指导思想，深度挖掘"JSP 程序设计"课程的思政育人功效，在内容编写、案例选取、教学编排等方面全面落实"立德树人"的根本任务，在潜移默化中坚定学生理想信念，厚植爱国主义情怀，培养学生敢为人先的创新精神，精益求精的工匠精神。

要想把信息发布到全球网站，就必须使用能够被大众接受的易懂的语言，也就是大多数计算机能识别的语言。如 HTML 语言和用于动态网页设计的 JSP 语言，使用它们，就可以设计出实现客户端和服务器端交互的动态网站。JSP 是一种服务器端脚本语言，是由 SUN 公司在其强大的 Java 语言的基础上开发出来的。与其他语言（如 CGI、ASP）相比，JSP 依托于 Java 语言，继承并发展了 Java 语言的很多优点，如跨平台性、易于掌握、运行稳定、安全性好等。

一、本书特点

1. 实例丰富

本书结合大量的 JSP 制作实例，详细讲解了 JSP 的原理与应用知识，使读者在学习案例的过程中潜移默化地掌握 JSP 应用技巧。

2. 突出提升技能

本书从全面提升 JSP 实际应用能力的角度出发，结合大量的实例来讲解如何使用 JSP，使读者了解 JSP 基本原理并能够独立完成各种 JSP 应用操作。

本书中很多实例来自 JSP 实际开发项目，经过精心提炼和改编，不仅保证了读者能够学好知识点，更重要的是能够帮助读者掌握实际的操作技能，同时培养 JSP 开发实践能力。

3. 技能与思政教育紧密结合

本书在讲解 JSP 专业知识的同时，紧密结合思政教育，从专业知识角度触类旁通地引导学生提升相关品质。

4. 项目式教学，实操性强

本书采用项目式设计，把 JSP 理论知识分解并融入一个个实践操作的项目中，增强了实用性。

二、本书的基本内容

本书共 10 个项目：初识 JSP、HTML 语言基础、Java 语言基础、JSP 基本语法、JSP 内置对象、JavaBean 技术、Servlet 基础、表达式语言、JSP 的文件操作、访问数据库。

本书由李爱超、范丽萍、徐鉴担任主编，谭志刚、邱彩霞、蔡鹏、祁欣颖担任副主编。书中难免存在不足之处，敬请广大读者批评指正。

编　者

目 录

项目一 初识 JSP ··· 1
任务 1　JSP 简介 ··· 2
　　一、静态网页与动态网页 ·· 2
　　二、Web 技术简介 ·· 2
　　三、JSP 的特点 ·· 3
　　四、JSP 的运行原理 ·· 4
任务 2　搭建 JSP 开发运行环境 ··· 5
　　一、安装、配置 JDK ··· 5
　　二、安装、配置 Tomcat ·· 8
　　案例——一个简单的 JSP 程序 ·· 12
　　三、下载、安装 Eclipse ··· 13
　　四、配置 Eclipse 的 JSP 开发环境 ·· 14
　　案例——在 Eclipse 中创建 JSP 程序 ····································· 17
项目总结 ·· 20
项目实战——显示当前时间 ·· 20

项目二 HTML 语言基础 ··· 22
任务 1　HTML 常用标签 ·· 23
　　一、文档的结构标签 ··· 23
　　二、注释标签 ·· 24
　　三、文本格式标签 ·· 24
　　四、排版标签 ·· 25
　　案例——制作诗词显示网页 ·· 25
　　五、表格标签 ·· 26
　　六、其他标签 ·· 27
任务 2　HTML 表单 ··· 28
　　一、声明 HTML 表单 ·· 28
　　二、button 控件 ··· 29
　　案例——button 控件示例 ··· 29
　　三、input 控件 ··· 31

案例——创建表单页面	32
四、textarea 控件	33
案例——textarea 控件示例	33
五、select 控件	34
案例——创建"爱好"列表框	35
六、label 控件	36
七、fieldset 控件	36
案例——创建满意度调查问卷	36
项目总结	38
项目实战——制作注册表单	38

项目三 Java 语言基础 · 42

任务 1 认识 Java · 43
- 一、Java 语言的特点 · 43
- 案例——简单的 Java 程序 · 43
- 二、常量和变量 · 44
- 三、简单数据类型 · 45
- 案例——类型转换 · 48
- 四、数组 · 50
- 五、运算符 · 52

任务 2 流程控制 · 54
- 一、分支结构 · 54
- 案例——评分等级 · 57
- 二、循环结构 · 58
- 案例——计算数列之和 · 59
- 案例——输出素数 · 60

任务 3 类与对象 · 61
- 一、认识类与对象 · 61
- 二、创建类与对象 · 62
- 案例——定义矩形类 · 63
- 三、引用包 · 64

项目总结 · 65
项目实战 · 65
- 实战 1——冒泡排序 · 65
- 实战 2——定义时间类 · 67

项目四 JSP 基本语法 · 69

任务 1 语法规则 · 70
- 一、声明 · 70
- 二、表达式 · 71
- 三、Scriptlet（脚本） · 71

案例——访客计数 ·· 72
　　　四、注释 ·· 74
　　　案例——注释语句示例 ·· 74
　任务2　指令元素 ·· 76
　　　一、include 指令 ·· 76
　　　案例——显示页面打开的时间 ·· 76
　　　二、page 指令 ·· 77
　　　三、taglib 指令 ··· 79
　任务3　动作元素 ·· 79
　　　一、<jsp:include>动作 ·· 80
　　　二、<jsp:forward>动作 ·· 80
　　　案例——重定向页面 ·· 81
　　　三、<jsp:plugin>动作 ··· 82
　　　四、<jsp:useBean>动作 ·· 83
　　　五、<jsp:setProperty>动作 ··· 84
　　　六、<jsp:getProperty>动作 ··· 85
　项目总结 ·· 86
　项目实战 ·· 86
　　　实战1——变色的计数器 ·· 86
　　　实战2——计算长方形面积 ·· 88
　　　实战3——输出随机数 ·· 89

项目五　JSP 内置对象 ··· 91
　任务　常用内置对象 ·· 92
　　　一、request 对象 ··· 92
　　　案例——显示提交的信息 ·· 93
　　　二、response 对象 ·· 96
　　　案例——动态改变 contentType 属性 ·· 98
　　　案例——输出缓冲示例 ··· 100
　　　三、application 对象 ··· 101
　　　案例——一个简单的聊天室 ··· 102
　　　四、session 对象 ·· 105
　　　案例——购物车 ··· 106
　　　五、pageContext 对象 ·· 111
　　　六、out 对象 ··· 112
　　　七、exception 对象 ·· 113
　项目总结 ··· 113
　项目实战 ··· 114
　　　实战1——处理表单 ··· 114
　　　实战2——采集用户信息 ··· 116

项目六　JavaBean 技术 120

任务 1　认识 JavaBean 121
一、JavaBean 简介 121
二、JavaBean 的编写规范 122
案例——创建图书 JavaBean 类 122

任务 2　使用 JavaBean 124
一、在 JSP 中调用 JavaBean 124
二、访问、设置 JavaBean 属性 125
案例——显示图书信息 126
案例——自动匹配学生信息 127

项目总结 130
项目实战——登录验证 130

项目七　Servlet 基础 134

任务 1　认识 Servlet 135
一、什么是 Servlet 135
二、Servlet 的工作原理 137
三、Servlet 的生命周期 137
案例——Servlet 应用 139

任务 2　使用 Servlet 141
一、常用接口和类 141
二、创建 Servlet 143
案例——质数和因数分解 144
三、调用 Servlet 148
案例——计算正整数的质数和因数 148

项目总结 150
项目实战——猜数字游戏 150

项目八　表达式语言 155

任务 1　EL 简介 156
一、什么是 EL 156
二、基本语法 156
三、使用 EL 157

任务 2　应用 EL 获取数据 158
一、运算符 158
案例——常用运算符示例 159
二、隐式对象 162
案例——处理学生信息表单 164

项目总结 166
项目实战——录入商品信息 166

项目九　JSP 的文件操作 ·· 169

任务 1　操作文件和目录 ··· 170
　　一、认识输入/输出类 ··· 170
　　二、创建文件对象 ·· 171
　　案例——获取文件列表及文件信息 ··· 172

任务 2　字节流与字符流 ··· 174
　　一、字节输入流 ··· 174
　　案例——读取本地文件 ·· 175
　　二、字节输出流 ··· 177
　　案例——保存表单信息 ·· 177
　　三、字符输入流 ··· 179
　　案例——在线测验 ··· 180
　　四、字符输出流 ··· 185

项目总结 ··· 185
项目实战——下载文件 ··· 186

项目十　访问数据库 ·· 189

任务 1　常用 SQL 语句 ·· 190
　　一、查询记录 ·· 190
　　案例——查询成绩表 ··· 191
　　二、更新记录 ·· 192
　　三、添加记录 ·· 192
　　四、删除记录 ·· 193

任务 2　使用 JDBC 访问数据库 ··· 193
　　一、JDBC 简介 ··· 194
　　二、部署 JDBC 驱动程序 ·· 194
　　三、连接数据库 ··· 195
　　四、查询数据库 ··· 198
　　案例——网上投票 ··· 201

项目总结 ··· 207
项目实战——留言板 ··· 207

项目一

初识 JSP

思政目标

> 从基础知识入手,培养探索新知识的习惯,主动提升自身技能。

技能目标

> 了解 JSP 的特点和运行原理。
> 能够安装 JDK 及 Tomcat 并配置运行环境。
> 能够配置 Eclipse 的 JSP 开发环境。

项目导读

随着网络技术的迅猛发展,Web 技术也日新月异。静态网页技术不能满足当今网站开发的需要,于是出现了 ASP.NET、JSP 等动态网页技术。JSP 技术定位于一种规范,基于 Java 语言而且与平台无关,不但有很高的运行效率,而且开发周期短,扩展性能强,在电子商务开发方面显现出优秀的性能。本项目介绍在 Windows 操作系统上搭建 JSP 运行和开发环境的方法。

任务 1　JSP 简介

| 任务引入 |

小王是一名在校大学生，对创建网站有浓厚的兴趣，决定利用课余时间学习有关网站开发的知识。目前用于开发网站的工具和语言很多，小王通过查询相关资料，决定选用 JSP 创建动态网页，开发动态网站。那么，什么是动态网页？与常用的网站开发语言相比，JSP 有哪些特点？JSP 页面是如何运行的呢？

| 知识准备 |

一、静态网页与动态网页

我们通常看到的网页文件，都是以.html、.shtml 等为扩展名的。在网站设计中，这种纯粹 HTML 格式的网页通常称为静态网页。静态网页中的内容是固定的，在浏览网页内容时，服务器仅仅将已有的静态 HTML 文档传送给浏览器供用户阅读。如果网站维护者要更新网页内容，就必须手动更新所有的 HTML 文档。因此，静态网页的缺点就是不易维护，为了不断更新网页内容，就必须不断地制作 HTML 文档。随着网站内容和信息量的日益增多，网页维护的工作量无疑是巨大的。

在 HTML 格式的网页上，也可以出现各种动态的效果，如 GIF 格式的动画、Animate 动画、滚动字幕等，但这些动态效果只是视觉上的，与动态网页是完全不同的概念。

所谓动态网页，是指服务器会根据不同的使用者及不同的要求执行不同的程序，从而提供不同的服务，一般与数据库有关。这种网页通常在服务器端以扩展名.asp、.jsp 或.aspx 等储存。动态网页的页面自动生成，不需要手动维护和更新 HTML 文档；不同的时间、不同的人访问同一网址时会生成不同的页面。

动态网页与静态网页的最大不同，就是动态网页的 Web 服务器和用户之间可以动态交互，这也是 Internet 强大生命力的体现。

二、Web 技术简介

Word Wide Web（简称 Web）是基于超文本方式的、具有良好的用户查询接口的信息查询工具，也称为 3W、WWW、万维网等，由遍布世界各地的接入 Internet 的 Web 服务器组成。Web 将位于不同的空间、存储于不同平台的计算机上的信息资源有机地组织到同一个网络上，使接入此网络的人都可以访问这些资源。

Web 是以 Client/Server 方式工作的，由三个部分协调完成：客户端、服务器、协议。

客户端就是用来接入 Internet 的计算机；服务器是指在 Internet 上提供服务、可供客户端访问的计算机；客户端和服务器根据协议来传输文本信息，这个协议叫作 HTTP 协议。客户端通过 Web 浏览器向服务器发出一个查询请求，服务器负责管理和传递信息，并对来自客户端的请求做出回答。根据回答，客户端可以继续或停止查询。

Web 技术的最大特点是使用超文本（Hypertext）。超文本，就是指特殊的、超出一般的文本，它既可以是 Web 页面上文本的一部分，又可以是描述多媒体数据的信息，也可以是指向 Internet 资源的超链接。设计 Web 页面，最基本的方法是使用 HTML（Hypertext Markup Language，超文本标记语言），在原来文本的基础上，加入一系列的标记符号指明 Web 页面的样式以形成网络文件。

如果只用静态的 HTML 页面，用户看到的都是静态的文字、图像，即使加入了一些动画或者其他多媒体效果，也只是页面上的活动效果，无法实现服务器和用户之间的动态交互。为了在 Internet 这个具有巨大潜力的市场上占有一席之地，各大公司纷纷推出自己的解决方案，如比较流行的 ASP.NET 技术，服务器端嵌入式脚本语言 PHP 及本书要介绍的 JSP。

三、JSP 的特点

JSP（Java Server Pages）是一种可以内嵌于 HTML 或 XML 语言中的服务器端嵌入式脚本语言，用于开发支持动态内容的 Web 页面。作为一种动态交互式网页设计语言，JSP 有很多优良的特性。

1. 平台无关性

JSP 技术是完全与协议和平台无关的。JSP 支持在任何工作平台上设计动态网页，支持在任何平台上的 Web 服务器端工作（当然，需要 Web 服务器本身支持 JSP 语言），而且其返回结果为 HTML 格式，可以在任何浏览器中显示。几乎所有平台都支持 Java，JSP+JavaBean 适用于所有平台。从一个平台移植到另外一个平台，JSP 和 JavaBean 甚至不用重新编译，因为 Java 字节码都是标准的，与平台无关。

2. 高效性

JSP 代码被编译成为 Servlet 并由 Java 虚拟机（Java Virtual Machine，JVM）解释执行，编译只在程序第一次被执行时进行，不需要每次执行程序时都进行编译。另外，服务器上还有字节码的 Cache 机制，能提高字节码的访问效率。

3. 安全性

使用 JSP 技术时，Web 开发人员利用 HTML 或 XML 设计和格式化最终页面，使用 JSP 标记或者脚本生成动态内容。生成内容的逻辑被封装在标记或 JavaBean 组件中，对于客户端是不可见的。在服务器端，JSP 引擎解释 JSP 标记和脚本，所有的 JSP 页面都被编译为 Java Servlet，结果以 HTML 或 XML 的形式送回客户端。内容生成和显示的分离有助于开发者保护自己的代码。

4．可重用性

组件技术的思想是指把一个庞大的应用程序分成多个模块，每个模块保持一定的功能独立性，在协同工作时，通过相互之间的接口完成实际的任务。JSP 技术以可重用的 Java 组件模型 JavaBean 来加强 JSP 的组件使用能力。开发人员能够共享和互换执行普通操作的组件，或者使得这些组件为更多的使用者或者客户团体所使用，加快了开发过程。

5．拥有强大的支持

JSP 以 Java 作为其脚本语言，所有的 JSP 页面都被编译成为 Java Servlet，同时还继承了 Java 的安全性、鲁棒性、移植性等优秀特性。

JSP 可以和任何与 JDBC 兼容的数据库建立连接，操作数据库中的数据。JDBC 是一种可以用于执行 SQL 语句的 Java API，是一个数据库接口。此外，利用 JDBC-ODBC 桥技术，Java 程序可以访问带有 ODBC 驱动程序的数据库。也就是说，使用 Java 编写的应用程序可以在任何支持 Java 的平台上运行，可以很方便地访问几乎任何一种主流数据库。

四、JSP 的运行原理

JSP 本质上是建立在 Java 基础上的一种网络编程语言，通过 JSP 标记在 HTML 页面中插入 Java 代码，只能在网页上应用。

Web 服务器接收到访问 JSP 网页的请求时，首先执行其中的 Java 程序片段，程序片段可以操作数据库、重新定向网页及发送 E-mail 等，所有程序都在服务器端执行，然后动态创建 Web 页面，将执行结果以 HTML 的格式返回到客户端。

JSP 的运行原理图如图 1-1 所示。

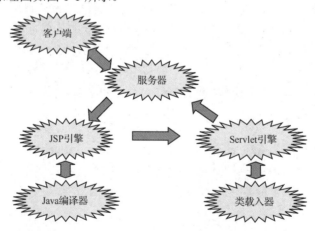

图 1-1　JSP 的运行原理图

Web 服务器上的某个 JSP 页面在最近一次修改之后第一次接收到访问请求时，JSP 文件将被 JSP Engine（JSP 引擎）转译成为 Servlet 原始码（.java 文件）。Servlet 原始码被转交给 Servlet Engine（Servlet 引擎）运行，再利用 Java 编译器将其编译成为 Java class 文件，即 Java Servlet，Servlet 对客户端的消息进行处理，以 HTML 或 XML 格式把响应返回给客户端，完成服务器与客户端的交互。由于第一次执行 JSP 页面需要经过如上过程，因此时间会稍慢。在此之后运行 JSP 页面的速度就与 Servlet 完全相同了。由于 Servlet 始终驻于内存，所以其响应是非常快的。

任务 2　搭建 JSP 开发运行环境

| 任务引入 |

小王在网上查询相关资料，了解到要使用 JSP 开发动态网页，必须先安装、配置 JDK 和 Web 服务器，为便于编写程序和管理网站项目，还要安装一个 IDE 作为开发工具。那么，怎样安装、配置这些软件？如何确认 JDK 和服务器已经配置成功了呢？在 IDE 中该如何创建 JSP 程序呢？

| 知识准备 |

JSP 是一种以 Java 为脚本的跨平台语言，因此，在大部分操作系统上都可以建立 JSP 的运行和开发环境。运行 JSP，需要有 Java 运行环境、JSP 引擎和支持 JSP 的 Web 服务器。Java 运行环境只需要安装 JDK（Java 开发工具包）。目前可以提供 JSP 引擎功能的软件有 Resin、Tomcat、WebLogic Application Server、WebSphere Application Server 等。支持 JSP 的 Web 服务器有 Apache、JSWDK（Java Server Web Development Kit，既可以作为 Web 服务器，又可以作为 JSP 引擎）等。

一般来说，在学习 JSP 程序设计时，在 Windows 下编写程序代码和调试相对比较方便，所以本书介绍在 Windows 操作系统平台下搭建 Tomcat 9.0 + JDK 17.0 的 JSP 运行环境。

一、安装、配置 JDK

Java 程序必须运行在 JVM 之上，所以，要学习 Java 开发，首先要安装 JDK。JDK 包括用于开发和测试用的 Java 语言及在 Java 平台上运行的程序的工具。

本书使用的 JDK 版本是 Java SE 平台的长期支持（LTS）版本 JDK 17。

> 提示：长期支持（LTS）是一种产品生命周期管理策略，LTS 版本的支持可持续数年，而非 LTS 版本的支持仅持续六个月，直到下一个非 LTS 版本发行。

（1）登录 Oracle 公司官网，下载 Java SE 的最新稳定版。

下载时，要根据自己的操作系统平台选择合适的 JDK 安装文件。本书选择在 64 位的 Windows 操作系统下安装的 JDK 17，安装文件为 jdk-17_windows-x64_bin.exe。

（2）双击安装文件启动安装向导，单击"下一步"按钮，选择安装 Java SE 的目标文件夹，如图 1-2 所示。默认安装到系统盘的"Java\jdk-17.0.1\"文件夹下，单击"更改"按钮可以指定其他文件夹。

> 提示：建议指定一个好记的路径，在配置 JDK 时会用到这个安装路径。

（3）单击"下一步"按钮，开始安装程序，并显示进度条。安装完成后，显示如图 1-3 所示的对话框。

图 1-2　选择安装 Java SE 的目标文件夹

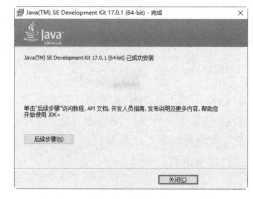
图 1-3　安装完成

（4）如果不需要访问 JDK 的官方文档，就单击安装向导中的"关闭"按钮。

（5）按下 Windows+R 键，打开如图 1-4 所示的"运行"对话框。

（6）输入命令"cmd"后按 Enter 键，启动命令提示符窗口。输入命令"java -version"，按 Enter 键，即可显示安装的 JDK 版本，如图 1-5 所示。

图 1-4　"运行"对话框

图 1-5　查看安装的 JDK 版本

安装完 JDK 后，必须配置系统环境变量才能使用 Java 开发环境。在 Windows 10 操作系统下，只需要配置环境变量 Path，以便系统在任何路径下都能识别 Java 命令。

环境变量 Path 用于在运行没有指定完整路径的程序时，告诉系统除了在当前目录下寻找，还应到哪些目录下寻找该程序。

（7）在桌面上右击"此电脑"，从弹出的快捷菜单中选择"属性"命令，然后在打开的"系统"对话框的左侧窗格中单击"高级系统设置"，打开"系统属性"对话框，如图 1-6 所示。

（8）单击"系统属性"对话框下部的"环境变量"按钮，打开如图 1-7 所示的"环境变量"对话框。

图 1-6 "系统属性"对话框　　　　图 1-7 "环境变量"对话框

（9）在"系统变量"列表框中双击变量 Path，打开如图 1-8 所示的"编辑环境变量"对话框。

图 1-8 "编辑环境变量"对话框

（10）单击"编辑文本"按钮打开"编辑系统变量"对话框，在"变量值"文本框中，将路径"C:\Program Files\Common Files\Oracle\Java\javapath"修改为 JDK 的安装路径（如"C:\Program Files\Java\jdk-17.0.1\"）的 bin 文件夹，如图 1-9 所示。

环境变量 Path 是针对整个操作系统的，将 JDK 的 bin 目录添加到环境变量 Path 中，相当于在计算机中"注册"了指定的路径，就可以在任意文件夹下运行 Java 程序了。

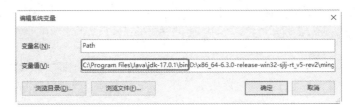

图 1-9 修改 Path 变量的值

（11）单击"确定"按钮依次退出上述对话框，即完成 JDK 的环境配置。

此时打开命令提示符窗口，输入命令"java"并按 Enter 键，如果输出"java"命令的用法，如图 1-10 所示，就说明 JDK 的环境变量 Path 配置成功了。

图 1-10 JDK 的环境变量 Path 配置成功

输入命令"javac"后按 Enter 键，可以查看 JDK 的编译器信息，包括修改命令的语法和参数选项，如图 1-11 所示，说明 JDK 环境搭建成功。

图 1-11 JDK 的编译器信息

二、安装、配置 Tomcat

Tomcat 是一个免费的开放源代码的 Web 服务器，提供了 JSP 引擎，是当今使用最广泛的支持 Servlet 和 JSP 的服务器。它体现最新的 Servlet 和 JSP 规范，运行稳定、性能可靠，是学习 JSP 技术和中小型企业应用的最佳选择。

目前最新的版本是 Apache Tomcat 10，Tomcat 10 实现了作为 Jakarta EE 的一部分开发的规范。Jakarta EE 平台是 Java EE 平台的演变，Tomcat 9 及更早版本实现了作为 Java EE 的一部分开发的规范。本书安装 Tomcat 9 作为 Web 服务器。

（1）在浏览器地址栏中输入 Tomcat 官网地址，如图 1-12 所示。

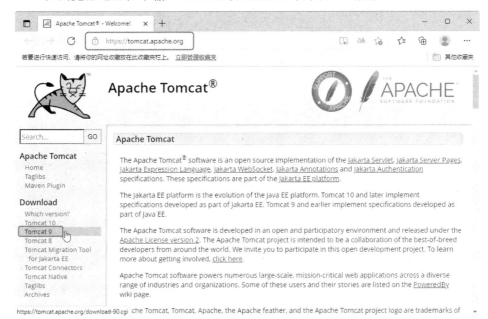

图 1-12 Tomcat 官网

（2）单击要下载的版本 Tomcat 9，进入下载页面，如图 1-13 所示。选择下载 Windows 环境下的程序包，在状态栏中可以看到下载的文件为 apache-tomcat-9.0.56-windows-x64.zip。

图 1-13 下载页面

（3）将下载的文件 apache-tomcat-9.0.56-windows-x64.zip 解压到一个不包含中文和空格的路径下。

（4）打开操作系统的"环境变量"对话框，单击下面的"新建"按钮，在如图 1-14 和图 1-15 所示的对话框中，添加系统变量 CATALINA_HOME 和 CATALINA_BASE，变量值均为 Tomcat 的解压路径。

图 1-14　设置变量 CATALINA_HOME

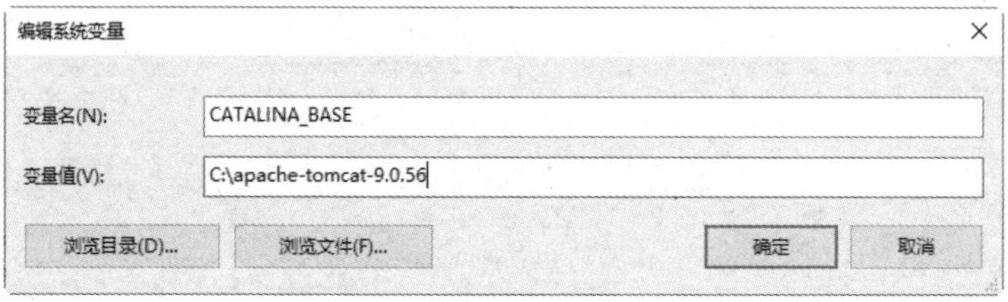

图 1-15　设置变量 CATALINA_BASE

（5）双击变量 Path，打开如图 1-16 所示对话框，添加变量值"%CATALINA_HOME%\bin"。设置完成，单击"确定"按钮关闭对话框。

图 1-16　编辑环境变量 Path

此时，在浏览器的地址栏中输入"http://127.0.0.1:8080"，按 Enter 键，如果显示 Tomcat

的默认网页，就表明配置成功，如图 1-17 所示。

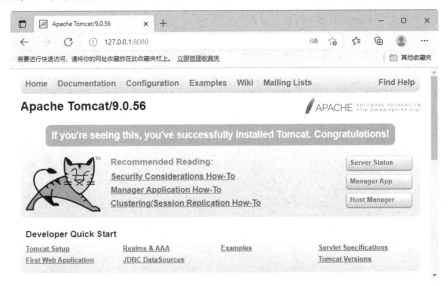

图 1-17　Tomcat 安装成功

此时打开 Tomcat 的安装目录，可以看到 Tomcat 的目录结构如图 1-18 所示。

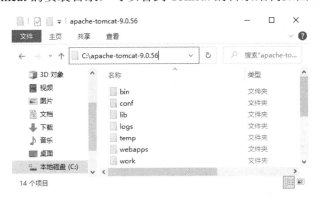

图 1-18　Tomcat 的目录结构

Tomcat 各个目录功能的简要说明如表 1-1 所示。

表 1-1　Tomcat 各个目录功能的简要说明

目　录　名	功　能　说　明
bin	存放启动和关闭 Tomcat 的二进制执行文件，最常用的启动文件是 startup.bat
conf	配置目录，包含不同的配置文件，最核心的文件是 server.xml（Tomcat 的主要配置文件）和 web.xml
lib	库文件，是 Tomcat 运行时需要的 jar 包所在的目录
logs	存放日志文件
temp	存放临时文件，也就是缓存
webapps	存放 Web 应用程序，浏览器可以直接访问。以后要部署的应用程序也要放到此目录下
work	存放 JSP 文件编译后产生的 .class 文件

案例——一个简单的 JSP 程序

本案例利用记事本编写一个简单的 JSP 程序并运行，以验证 JSP 运行环境是否搭建成功。

（1）打开记事本，输入如下代码。

```
<!--HelloWorld.jsp-->
<%@ page language="java" contentType="text/html;charset=utf8"%>
<html>
<head>
<title>HelloWorld</title>
</head>
<body bgcolor="#ffffff">
<br>
<center>
<font face="Arial,HelVetica"    size=" +2">
<b><font color="red">HelloWorld!</font><br>
<%
out.println("欢迎来到奇妙的 JSP 世界!");
%>
<br>I'm ready to be a JSPer!!!</b></font>
</center>
</body>
</html>
```

从上面的代码可以看到，JSP 文件由 Java 代码和 HTML（或 XML）标记组成，Java 代码包含在特殊的 JSP 标记（通常为"<%"和"%>"）中。在本案例中，Java 代码的功能是生成并显示字符串"欢迎来到奇妙的 JSP 世界!"。

（2）在服务器根目录 webapps 下建立一个文件夹 ch01，将以上代码保存为 HelloWorld.jsp 文件并存放在该目录下。

（3）打开浏览器，在地址栏中输入"http://127.0.0.1:8080/ch01/HelloWorld.jsp"，按 Enter 键，即可显示页面，如图 1-19 所示。

图 1-19　在浏览器中打开 JSP 页面

三、下载、安装 Eclipse

虽然使用记事本等文本编辑工具可以编写代码，但并不推荐使用，尤其对初学者而言，不但编码效率低，而且容易出错，不易维护。现在流行的 JSP 开发工具主要有 UltraEdit、Eclipse、JBuilder、Dreamweaver 等。

Eclipse 是由 IBM 公司开发并赠给开源社区的一个免费的编译器，基于"平台+插件"模式设计，可以用来开发 Java、C++、C、PHP 等。Eclipse 还可以连接 Tomcat 服务器，这使得调试 JSP 程序十分方便。

（1）进入 Eclipse 官网的下载页面，如图 1-20 所示，单击"Download Packages"。

图 1-20　下载页面

（2）在打开的页面中，找到 Eclipse IDE for Enterprise Java and Web Developers，然后根据操作系统选择对应的下载链接，如图 1-21 所示。

图 1-21　根据操作系统选择对应的下载链接

（3）在打开的下载页面中单击"Download"按钮，即可开始下载 Eclipse 的压缩包，如图 1-22 所示。

图 1-22　下载 Eclipse 的压缩包

（4）Eclipse 服务器会根据客户端所在的地理位置分配下载镜像站点，如果在指定的镜像站点不能下载，就可以单击"Select Another Mirror"，在展开的镜像站点列表中选择合适的站点进行下载。

（5）下载完成后，将压缩包解压到合适的目录下，不需要安装就可使用。

四、配置 Eclipse 的 JSP 开发环境

下载并解压 Eclipse 后，要正常使用，还需要对 IDE 环境进行一些基本配置。

双击解压文件中的 eclipse.exe，启动 Eclipse，弹出如图 1-23 所示的"Eclipse IDE Launcher"对话框。

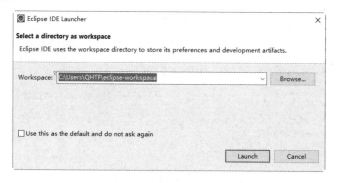

图 1-23　"Eclipse IDE Launcher"对话框

单击"Browse"按钮，设置开发环境的工作空间。默认情况下，每次启动 Eclipse 时都会启动这个对话框，如果不希望每次启动时都询问工作空间的设置，需要勾选"Use this as the default and do not ask again"复选框。

指定工作空间路径后，后续在 Eclipse 中创建的项目都会保存在该路径下。

（1）单击"Launch"按钮，即可启动 Eclipse。初次启动时，会显示如图 1-24 所示的欢迎界面。

欢迎界面提供了访问某些常用功能的快捷方式，如果希望每次启动时都显示欢迎界面，可勾选右下角的"Always show Welcome at start up"复选框。

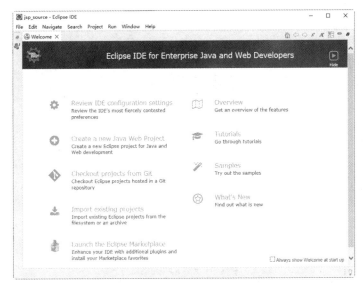

图 1-24 欢迎界面

（2）在菜单栏中选择"Window"→"Preferences"命令，打开"Preferences"对话框。选中左侧窗格中的"General"→"Workspace"选项，在"Text file encoding"选项区中，如果"Default"选项不是"UTF-8"，建议选中"Other"选项，然后在右侧的下拉列表框中选择"UTF-8"，即所有文本文件采用 UTF-8 编码格式；在"New text file line delimiter"选项区中，建议选中"Other"选项，然后在右侧的下拉列表框中选择"Unix"（如图 1-25 所示），这样换行符将使用"\n"而不是 Windows 中的"\r\n"。

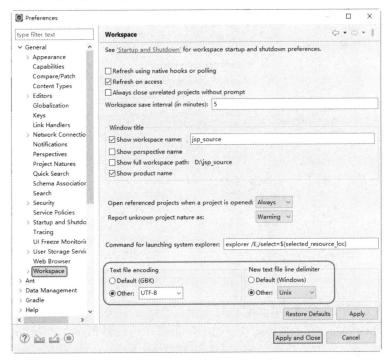

图 1-25 设置编码格式和换行符

接下来将 Eclipse 与 Tomcat 进行绑定。

（3）选中左侧窗格中的"Server"→"Runtime Environments"选项，单击"Add"按钮，在弹出的对话框中选择相应版本的 Tomcat，如图 1-26 所示。

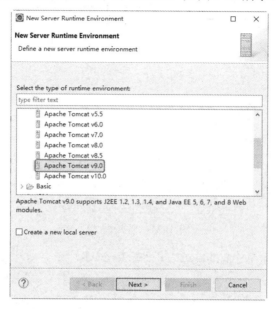

图 1-26　选择相应版本的 Tomcat

（4）单击"Next"按钮，在打开的对话框中单击"Browse"按钮，选择 Tomcat 的安装路径。设置完成后，单击"Finish"按钮返回"Preferences"对话框。此时，在列表中可以看到添加的服务器运行时环境，如图 1-27 所示。

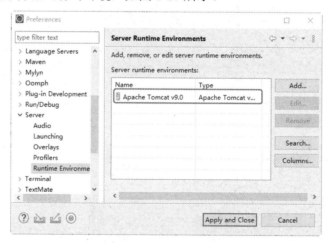

图 1-27　指定服务器

（5）设置完成后，单击"Apply and Close"按钮应用设置并关闭对话框。

（6）启动 Eclipse，在"Project Explorer"窗格中可以看到一个"Servers"节点，在编辑区下方的"Servers"选项卡中可以看到一行文本，提示没有服务器，如图 1-28 所示。

图 1-28 "Servers" 选项卡

（7）单击图 1-28 中的链接文本，打开"New Server"对话框，在服务器列表中选择已安装的服务器，如图 1-29 所示。

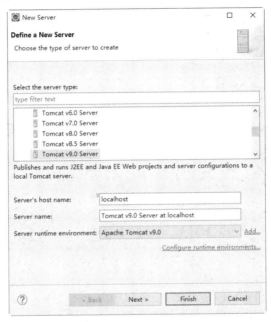

图 1-29 选择已安装的服务器

（8）单击"Finish"按钮关闭对话框，在"Servers"选项卡中可以看到已配置的服务器，如图 1-30 所示。

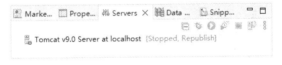

图 1-30 已配置的服务器

至此，服务器配置完成。

案例——在 Eclipse 中创建 JSP 程序

本案例在 Eclipse 中创建一个动态 Web 项目，在其中添加 JSP 文件，然后在服务器上运行程序，显示页面。

（1）启动 Eclipse，在菜单栏中选择"File"→"New"→"Dynamic Web Project"命令，打开"New Dynamic Web Project"对话框。在"Project name"文本框中输入项目名称，其他保留默认设置，如图 1-31 所示，单击"Finish"按钮关闭对话框。

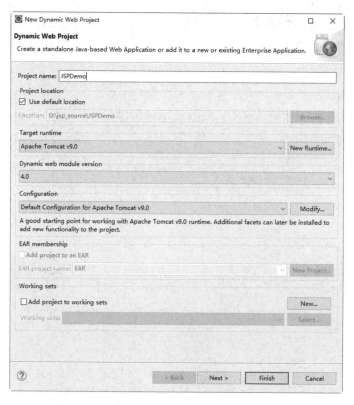

图 1-31　设置项目名称

（2）在项目名称上右击，从弹出的快捷菜单中选择"New"→"JSP File"命令，在打开的"New JSP File"对话框中输入文件名称，如图 1-32 所示。

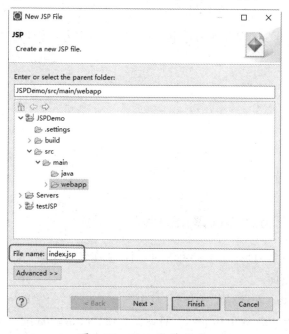

图 1-32　输入文件名称

（3）单击"Finish"按钮，即可创建一个 JSP 文件，并在编辑区打开，然后在<body>标签中添加代码，修改页面内容，如图 1-33 所示。

图 1-33　修改页面内容

上面添加的代码用于在页面上输出一行文字，并设置了文字的颜色和字号。

> 提示：在创建文件时，Eclipse 会根据母版自动生成一些内容，如果要正常显示中文，文件的编码应改为 UTF-8 或其他支持中文的编码格式。

（4）在工具栏上单击"Run"按钮，弹出"Run On Server"对话框，选择需要的服务器，如图 1-34 所示。

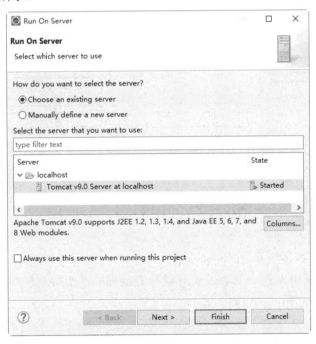

图 1-34　选择需要的服务器

（5）单击"Finish"按钮，即可启动服务器，并在浏览器中显示运行结果，如图 1-35 所示。

图 1-35 运行结果

也可以直接在浏览器的地址栏中输入"http://localhost:8080/JSPDemo/"访问该页面。

> 提示：本案例中的 JSP 文件名为 index.jsp，在访问项目时，服务器会自动引导至这个文件。此外还有如 index.html、default.html、default.jsp 等文件，在访问时直接输入项目名称即可。如果是其他的文件（如 login.jsp），就不能被服务器识别，应将访问路径修改为：localhost:8080/项目名称/文件名称。

项目总结

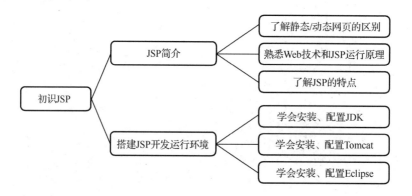

项目实战——显示当前时间

要求：在网页中显示系统时间和日期。

（1）在 Eclipse 中新建一个动态 Web 项目 DatePage，添加一个 JSP 文件 index.jsp。
（2）修改 index.jsp，代码如下所示。

```
<%@ page language="java" contentType="text/html; charset=UTF-8"
    pageEncoding="UTF-8"%>
<!DOCTYPE html>
<html>
<head>
<meta charset="UTF-8">
```

```
<title>Date Demo Page</title>
</head>
<body>
<h1>JSP Date Demo Page</h1>
<font color="red">
The current date is <%
java.util.Date date = new java.util.Date();
out.println(date);
%></font>
</body>
</html>
```

(3)运行程序,页面如图 1-36 所示。

图 1-36 显示时间和日期的 JSP 页面

项目二

HTML 语言基础

思政目标

- 培养脚踏实地、严谨求实的优秀品质。
- 培养勤学多问、善于钻研的品质。

技能目标

- 能够理解常用的 HTML 标签的功能与用法。
- 能够使用常用的表单控件创建 HTML 表单。

项目导读

JSP 是一种基于 HTML、XML 或其他文档类型创建动态 Web 页面的技术,其特点就是 HTML 和 Java 代码共同存在。本项目介绍网页中常用的 HTML 标签,重点介绍网页上用于输入信息的工具——HTML 表单。

任务 1　HTML 常用标签

| 任务引入 |

通过前面项目的学习，小王了解到 JSP 基于 HTML、XML 等文档类型创建页面，因此有必要先了解 HTML 文档的构成和编写方法。那么什么是 HTML？HTML 文档的结构组成是怎样的？要创建一个简单的 HTML 页面，需要哪些标签呢？

| 知识准备 |

HTML 是 Hypertext Markup Language（超文本标记语言）的缩写，是一种用于建立 Web 页面的描述性语言，可以用任何文本编辑器建立 HTML 页面，如 Windows 的记事本。

与一般的文本文件不同的是，HTML 文件不仅包含文本内容，还包含一些 Tag（标签）。标签包含在"<"与">"之中，例如：

<font face= "隶书" size= "5" color="#006600">Welcome to JSP World!</font>

上面的语句使用浏览器显示时，将标签<font>和</font>范围内的文字以指定的字体、字号和颜色显示，而标签<font>和</font>本身不会显示。

标签通常是成对出现的，起始标签和终止标签之间的内容受标签的控制，但是也有一些标签例外，如
就不受限制。

下面简要介绍 HTML 语言中常用的一些标签。

一、文档的结构标签

（1）<html>标签

<html>和</html>标签是 HTML 文档的开始和结束标签，告诉浏览器整个 HTML 文档的范围。

（2）<head>标签

<head>和</head>标签用于标示当前文档的有关信息，如标题和关键字等，通常将这两个标签之间的内容统称作 HTML 的"头部"。位于头部的内容一般不会在网页上直接显示，而是通过另外的方式起作用。例如，在 HTML 的头部定义的关键字不会显示在网页中，但是会在搜索网页时起作用。

（3）<title>标签

<title>和</title>标签位于<head>和</head>标签之间，用于定义页面的标题，显示在标题栏上。

（4）<body>标签

<body>和</body>标签用于定义 HTML 文档的正文部分，定义在<html>和</html>标签之间，</head>标签之后。

以上 4 对标签可以构成 HTML 文档的基本结构，形成一个完整的页面，并被浏览器正确显示出来。

二、注释标签

HTML 的客户端注释标签为"<!--""-->"，注释标签内的文本不会在浏览器窗口中显示。一般将客户端的脚本程序放在此标签中。例如：

```
<! -- <h3>这一行仅开发者可见</h3>-->
```

被注释的文本不会在浏览器中显示。但是，如果是服务器端程序代码，即使在注释标签内也会被执行。

三、文本格式标签

文本格式标签用于控制网页中文本的样式，如大小、字体、段落样式等。

（1）<font>标签

<font>和</font>标签用于设置文本的字体格式，包括字体、字号、颜色、字形等。常用的属性有如下 3 个。

① face：用于设置字体名称，多个字体名称间用逗号分隔。

② size：用于设置字号大小，数字越大字号越大。

③ color：用于设置文本颜色，可以用 red、white 和 green 等助记符，也可以用 16 进制数表示，如红色为"#FF0000"。

例如：

<font face="华文彩云" size="7" color="black">欢迎光临</font>

在浏览器中的显示效果如图 2-1 所示。

图 2-1 显示效果

（2）<b>和<i>标签

① <b>和</b>标签：定义粗体文本。

② <i>和</i>标签：定义斜体文本。

（3）<h#>标签

<h#>和</h#>（#=1、2、3、4、5、6）标签：用于设置标题级别，有 1～6 级标题，显示为黑体字，数字越大字号越小。

（4）<em>和<strong>标签

<em>标签用于定义斜体文字；<strong>标签用于定义强调文字，以粗体显示。

（5）<big>和<small>标签

这两个标签分别用于定义大号字和小号字。

四、排版标签

（1）
标签：用于在文本中添加一个换行符。
（2）<p>标签：用于定义一个段落。
（3）和标签：分别将标签之间的文本设置成下标和上标。
（4）<div>标签：用于块级区域的格式化显示。该标签可以把文档划分为若干部分，并分别设置不同的属性值，常用于设置 CSS 样式。
（5）<span>标签：用于定义内嵌的文本容器或区域，主要用于一个段落、句子甚至单词中。

<div>标签和<span>标签的区别在于，<div>是一个块级元素，可以包含段落、标题、表格，以及章节、摘要和备注等。<span>是行内元素，它纯粹应用于样式。

案例——制作诗词显示网页

本案例利用 Windows 系统自带的记事本编写一个简单的网页，帮助读者加深对 HTML 文档结构和常用标签的了解。

（1）打开记事本，新建一个空白的文本文件，保存在 Tomcat 安装路径下的"webapps\ch02"文件夹中，命名为 shici.html。

（2）在文本文件中，输入如下代码。

```
<html>
<head>
<meta charset="UTF-8">
<title>诗词赏析</title>
</head>
<body bgcolor=#CCCCFF>
<div align="center">
<h1>春晓</h1>
<p><font size=5>
    春眠不觉<em>晓</em>，<br>
    处处<big>闻</big>啼鸟。<br>
    夜来风雨声，<br>
    花落<strong>知</strong>多少。<br>
</font></p>
</div>
</body>
</html>
```

（3）上面的代码通过<meta>标签指定文件的编码方式为 UTF-8，以免网页中的中文显示为乱码。用<title>标签指定网页的标题；在<body>标签中设置页面背景颜色为蓝色；用<div>标签设置文本区域居中；通过<h1>标签将诗词标题定义为 1 级标题。在诗词正文中，利用<em>标签将文本内容"晓"字以斜体显示；用<big>标签将"闻"字以大号字显示；用<strong>标签将"知"字以粗体显示，表示强调。

（4）保存并关闭文件，启动 Tomcat，在浏览器中输入"http://localhost:8080/ch02/shici.html"，按 Enter 键，即可看到页面的显示结果，如图 2-2 所示。

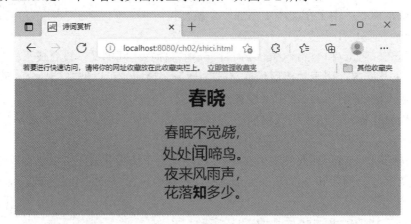

图 2-2　页面的显示结果

在标题栏上可以看到指定的标题文本，在页面中以指定格式显示指定的文本内容。

> 提示：使用记事本编辑 HTML 代码，很容易因编码格式导致中文乱码，如在 HTML 文档中原始内容是以 UTF 格式编码的，后续添加的内容很可能是以 GBK 格式编码的，这两种编码格式人眼无法分辨，如果在一个文档中存在两种编码方式，就会导致乱码。

五、表格标签

（1）<table>标签
表格由<table>和</table>标签构成，HTML 5 不支持<table>标签的任何属性。
（2）<tr>标签
<tr>和</tr>标签用于标记表格一行的开始和结束。
（3）<th>标签
<th>和</th>标签用于标记表格内表头的开始和结束，该标签内的文本通常显示为粗体。常用属性如下。
① colspan：设置<th>和</th>标签中的内容跨越的列数。
② rowspan：设置<th>和</th>标签中的内容跨越的行数。
③ scope：设置是否提供指定部分的表头信息。row 表示包含此单元格的行的其余部分；col 表示包含此单元格的列的其余部分；rowgroup 表示包含此单元格的行组的其余部分；colgroup 表示包含此单元格的列组的其余部分。
（4）<td>标签
<td>和</td>标签用于标记表格内一个单元格的开始和结束。<td>标签应位于<tr>标签内部。在 HTML 5 中，<td>标签仅支持 colspan 和 rowspan 属性。

六、其他标签

（1）<img>标签

该标签用于定义图像，除了 src 属性是不可缺少的，其他属性均为可选项。常用属性如下。

① src：用于指定要插入图像的 URL（统一资源定位符）。

② alt：用于设置当图像无法显示时的替换文本，或载入图像后，将鼠标移到图像上时显示的提示文本。

③ width：用于设置图像的宽度，以像素为单位。

④ height：用于设置图像的高度，以像素为单位。

（2）<a>标签

该标签用于实现超链接，其起止标签之间的内容即为锚标。常用属性如下。

① href：用于指定目标文件的 URL，该属性不能与 name 属性（HTML 5 中替换为 id 属性）同时使用。

② name：用于命名一个锚。HTML 5 中使用 id 代替该属性。

③ type：用于指定目标 URL 的 MIME 类型，仅在 href 属性存在时使用。

④ target：用于指定打开目标 URL 的方式，仅在 href 属性存在时使用。

（3）<meta>标签

该标签用于指定文档的关键字、作者、描述等多种信息，在 HTML 的头部可以包含任意数量的<meta>标签。<meta>标签是非成对使用的标签，其常用属性如下。

① name：用于定义与 content 属性关联的名称。

② content：用于定义与 http-equiv 或 name 属性相关的信息。

③ http-equiv：用于替代 name 属性，HTTP 服务器可以使用该属性来从 HTTP 响应头部收集信息。

④ charset：用于定义文档的字符解码方式。

（4）<link>标签

该标签用于定义文档之间的包含关系，通常用于链接外部样式表。<link>标签是一个非封闭性标签，只能在<head>标签中使用。

在 HTML 的头部可以包含任意数量的<link>标签，其常用属性如下。

① href：用于设置链接资源所在的 URL。

② rel：用于定义文档和所链接资源之间的链接关系，可能的取值有 alternate、stylesheet、start、next、prev、contents、index、glossary、copyright、chapter、section、subsection、appendix、help 和 bookmark 等。如果希望指定不只一个链接关系，可以将这些值用空格隔开。

③ media：用于指定文档显示在什么设备上。

④ rev：用于定义所链接资源与当前文档之间的关系。其可能的取值与 rel 属性相同。

例如：<link rel= "Shortcut Icon" href="soim.ico">。

上述语句表示将浏览器地址栏里面的图标替换为 href 属性指向的图标，当收藏该页面时，收藏夹中的图片也随之改变。

（5）<style>标签

该标签用于在网页中创建样式，它把 CSS 直接写入 HTML 的头部中。但一般不建议这样使用，应将网页结构与样式分离，便于维护。其常用属性如下。

① type：用于定义内容类型。

② media：用于定义样式信息的目标媒介。

任务 2 HTML 表单

| 任务引入 |

通过上一个任务的学习，小王已经能够创建基本的 HTML 页面了，现在他想制作一个登录网站时常见的注册页面，这就需要用到 HTML 表单。该怎样在页面中声明表单呢？要显示、填写的信息类型各不相同，有可以直接填写的，有需要从下拉列表框中选择的，该分别使用哪些表单控件实现呢？表单填写完成后，怎样提交表单呢？

| 知识准备 |

一、声明 HTML 表单

在 HTML 语言中，使用<form>标签声明表单，并且通知服务器处理表单中的内容，表单中的各种控件都要放在这个标签中。其常用属性如下。

（1）name：用于指定表单唯一的名称。HTML 5 用 id 代替该属性。

（2）action：提交表单后，用于指定将对表单进行处理的文件路径及名称（URI）。

（3）method：用于指定发送表单信息的方式，有 get 方式（默认方式，通过 URL 发送表单信息）和 post 方式（通过 HTTP 发送表单信息）。post 方式适合传送大量数据，但传送速度较慢；get 方式适合传送少量数据，但传送速度较快。

（4）accept-charset：用于指定表单数据可能的字符集列表（以逗号分隔）。

（5）target：用于指定打开目标 URL 的方式。

URI 是统一资源标识符（Uniform Resource Identifier）的简称，是指将自定义的一系列标签和标签前缀联系起来，用于标识某一互联网资源名称的字符，代表资源的名称。一个 URI 可以是下面几种形式中的一种。

① URL（Uniform Resource Locator，统一资源定位符），是 URI 的一个子集，除了确定一个资源，还提供一种定位该资源的主要访问机制（如其网络"位置"），代表资源的路径地址。

② URN（Uniform Resource Name，统一资源名称），也是 URI 的一个子集，是唯一

标识的一部分，包括名称（给定的命名空间内），但是不包括访问方式，就是一个特殊的名称。

③ 绝对或相对路径。用户填写完表单后，通过"type="submit""的<input>或<button>标签发送表单，表单的值将被发送到表单的 action 属性所指定的 URI。action 属性在<form>标签中是不可省略的，它指向服务器端处理表单数据的程序或组件。

表单输入的方式取决于 method 属性。当 method 的值是 get 时，表单的输入就会作为 HTTP GET 请求，将表单数据发送给 action 属性所规定的 URI。如果 method 的值是 post，表单的输入就作为 HTTP POST 请求。

> 提示：如果输入中可能出现包含非 ASCII 码的字符或表单内容超过 100 个字符，这种情况下不能使用 get 方式发送表单内容，必须使用 post 方式发送。

<form>标签定义了一个交互式表单，其中包含表单控件，使用户能通过控件与表单传递消息。下面介绍常用的表单控件。

二、button 控件

button 控件用于定义一个发送按钮、重置按钮或普通按钮。虽然可以用<input>标签定义这些按钮，但 button 控件允许使用更多更丰富的内容，这些按钮表面可以显示文字，也可以呈现图像。

button 控件的常用属性说明如下。

① name：控件名称。
② value：值。
③ type=[submit|reset|button]：按钮类型。
④ disabled：禁用。
⑤ tabindex：Tab 键选择次序。

name 和 value 属性定义了按钮被按下时传递到服务器端的名称和值，以便区别于页面上不同的按钮，并且可以使服务器端表单处理程序根据被按下的按钮的 name 和 value 的值进行不同的处理。type 属性定义按钮种类，取值可以是 submit、reset、button，分别表示提交按钮、重置按钮、普通按钮。

案例——button 控件示例

本案例编写一个简单的网页，帮助读者加深对 button 控件的了解。
（1）在 Tomcat 安装路径下的"webapps\ch02"文件夹中，新建一个 HTML 文件 Button.html。
（2）在文件中输入如下代码。

```
<!--Button.html-->
<html>
<head>
```

```html
<title>Button Demo</title>
</head>
<body align="center">
    <form name="form1" action="" method="get">
    <!--没有定义 action 指定的 URI-->
    <p>
        <button type="submit" name="button1" value="mybutton1" tabindex=2>
        提交按钮
        </button>
    </p>
    <p>
        <button type="reset" name="button2" value="mybutton2" tabindex=1>
        重置按钮
        </button>
    </p>
    <p>
        <button name="button3" value="mybutton3" tabindex=3>
        <img src="image/image1.gif" />普通按钮
        </button>
    </p>
    </form>
</body>
</html>
```

上面的代码通过 type 属性定义了三种按钮。button1 为提交按钮，button2 为重置按钮，button3 为普通按钮，按钮表面显示文字和图片。三个按钮的 Tab 键顺序为 button2→button1→button3。

（3）保存并关闭文件，启动 Tomcat，在浏览器中输入"http://localhost:8080/ch02/Button.html"，按 Enter 键，即可看到页面的显示结果，如图 2-3 所示。

按 Tab 键可以按指定的顺序定位到特定的按钮。

图 2-3　页面的显示结果

三、input 控件

input 控件是 HTML 语言中极为有用的一个控件，可以用来提供输入数据、按钮、输入密码和上传文件等功能。

input 控件的常用属性说明如下。

① type=[text|password|checkbox|radio|submit|reset|file|hidden|image|button]：输入类型。
② name：控件名称。
③ value：值。
④ checked：复选框或单选按钮被选中。
⑤ maxlength：最大文本输入字符数。
⑥ src：图像文件的 URL。
⑦ align：输入图像的对齐方式。
⑧ disabled：禁用。
⑨ readonly：只读。
⑩ accept：可接收文件属性的列表。
⑪ tabindex：Tab 键选择次序。

对于不同的 type 属性值，input 控件有不同的属性。

当 type="text"（文本域）或 type="password"（密码域）时，input 控件属性如下。

① size：文本框在浏览器中的显示宽度。HTML 5 不再支持该属性。
② maxlength：在文本框中最多能输入的字符数。
③ value：默认的初始值。

> 提示：如果希望限制文本域的最大字符数，可以通过 maxlength 属性实现，但是不应该完全依赖这个办法，因为用户可以修改 HTML 文档的源代码，增大该属性的值再发送表单，解决的办法是在服务器端再进行一次重复检测。

当 type="submit"（提交按钮）或 type="reset"（重置按钮）时，input 控件属性如下。
value：在按钮上显示的内容。

当 type="radio"（单选按钮）或 type="checkbox"（复选框）时，input 控件属性如下。
① value：用于指定单选按钮或复选框被选中时对应的值。
② checked：用于指示 input 控件被选中。同一组 radio 单选按钮中只能有一个单选按钮带 checked 属性。复选框则无此限制。

> 提示：属性值 radio 提供单选按钮的功能，相同 name 值的按钮被分为一组，同组的按钮中只有一个能被选中。否则，将与属性值 checkbox 一样，提供的是复选框的功能。

当 type="image"（图像按钮）时，input 控件属性如下。
① src：图像文件的 URL。
② alt：图像无法显示时的替代文本。

单击图像按钮，单击位置的坐标将作为表单内容被发送，例如，image1.x=146&image1.y=202，表示单击图片时，单击位置相对于图片左边框和上边框的像素数。

当 type="button"（按钮）时，该控件利用 button 属性值 button、submit、reset，可以实现按钮功能，但是无法在按钮上显示图片。

当 type="hidden"（隐藏域）时，该控件允许网页在表单中包含数据，但是又不向用户显示，尽管如此，在网页的源代码中仍然可以找到隐藏的内容。

当 type="file"（文件域）时，该控件可以上传本地文件，其属性如下。

① name：控件名称。

② accept：可接收文件属性的列表，可以使浏览器过滤掉不需要的文件。

> **注意**：如果表单中包含输入文件，必须将表单的 method 属性设置为 "post"，enctype（表单内容属性）值设置为 "multipart/formdata"。

案例——创建表单页面

本案例利用 input 控件创建一个注册页面。

（1）在 Tomcat 安装路径下的 "webapps\ch02" 文件夹中，新建一个 HTML 文件 register.html。

（2）在文件中输入如下代码。

```html
<html>
<head>
    <meta http-equiv="Content-Type" content="text/html; charset=utf-8" />
    <title>用户注册</title>
</head>
<body>
    <form action="login_action.jsp" method="post">
        姓名：<input type="text" name="姓名" size="16" /><br>
        密码：<input type="password" name="密码" size="16" /><br>
        性别：<input name="radiobutton" type="radio" value="radiobutton" />男
        <input name="radiobutton" type="radio" value="radiobutton" />女<br>
        爱好：<input type="checkbox" name="checkbox" value="checkbox" />运动
        <input type="checkbox" name="checkbox2" value="checkbox" />音乐<br>
        <input type="image" src="image/boat.gif"/><br>
        <input type="submit" value="确定" /> <input type="reset" value="取消" />
    </form>
</body>
</html>
```

（3）保存并关闭文件，启动 Tomcat，在浏览器中输入 "http://localhost:8080/ch02/register.html"，按 Enter 键，即可看到页面的显示结果，如图 2-4 所示。

图 2-4 页面的显示结果

本案例指定了 form 控件的 action 属性，则单击"确定"按钮提交表单后，将提交给指定的文件 login_action.jsp 对表单进行处理。

四、textarea 控件

textarea 控件与 input 控件的 type 属性值为 text 时的作用相似，不同之处在于，textarea 控件显示的是多行多列的文本域，而 input 控件显示的文本域只有一行。提交表单时，多行文本的每一行均以"%0d%0a"分隔开，传送给服务器。<textarea>和</textarea>标签之间是文本域的初始文本。textarea 控件的常用属性如下。

① name：指定文本域的名称。
② rows：文本域可见的行数，不可省略。
③ cols：文本域可见的列数，不可省略。
④ disabled：禁用文本域。
⑤ readonly：用于设置用户是否可以修改文本域的内容。
⑥ required：用于设置提交表单时，该区域的值是否必填。

案例——textarea 控件示例

本案例演示 textarea 控件的使用方法。

（1）在 Tomcat 安装路径下的"webapps\ch02"文件夹中，新建一个 HTML 文件 Textarea.html。

（2）在文件中输入如下代码。

```
<!--Textarea.html-->
<html>
<head>
<title>Textarea Demo</title>
</head>
<body align="center">
<form name="form1" action="" method="get" >
```

```
<textarea name="comment" rows=5 cols=30>
在这里输入要咨询的问题</textarea>
<br>
<input type="radio" name=radio checked=true
    Onclick="document.form1.tarea.disabled=false" />启用
<br>
<input type="radio" name=radio
    Onclick="document.form1.tarea.disabled=true" />禁用
<br>
</form>
</body>
</html>
```

上面的代码在表单中创建了三个控件，一个是 textarea 控件，另外两个是一组单选按钮，用来控制多行文本域的启用和禁用功能。其中，第一个单选按钮默认为选中状态。

（3）保存并关闭文件，启动 Tomcat，在浏览器中输入"http://localhost:8080/ch02/Textarea.html"，按 Enter 键，即可看到页面的显示结果，如图 2-5 所示。

图 2-5 页面的显示结果

五、select 控件

select 控件用于在表单中创建列表框，常用属性如下。

① name：列表框的名称。

② size：列表框中可见项目数，如果可见项目数大于 size 属性值，就通过滚动条来滚动显示。

③ multiple：指定在列表框中是否可以选中多项，默认只能选择一项。

④ disabled：指定是否在页面中禁用菜单列表。

⑤ form：指定下拉列表所属的一个或多个表单。

⑥ autofocus：指定加载页面时是否使 select 控件获得焦点。

select 控件通常与若干个<optgroup>或<option>标签一起使用，为用户提供选项菜单。<option>标签用于添加列表项，各个列表项在逻辑上通过<optgroup>标签分组。

<option>标签常用属性如下。

① selected：用于设置初始时，列表项处于默认选中状态。

② value：用于指定列表项的选项值，如果不指定，就默认为标签后的内容。

案例——创建"爱好"列表框

本案例演示 select 控件的使用方法。

（1）在 Tomcat 安装路径下的"webapps\ch02"文件夹中，新建一个 HTML 文件 Select.html。

（2）在文件中输入如下代码。

```html
<!--Select.html-->
<html>
<head>
<title>Select Demo</title>
</head>
<body align="center">
    <form name="form1" action="" method="get" >
    请选择您的爱好：
    <hr><br>
    <select name="favor" size="3" multiple>
        <option selected>音乐</option>
        <option>读书</option>
        <option>体育</option>
        <option>旅游</option>
        <option>舞蹈</option>
    </select>
    <br>
    </form>
</body>
</html>
```

上面的代码在 select 控件中设置了 5 个选项，可视窗口大小设定为 3，允许多选。在创建列表项时，利用 selected 属性指定第一个列表项为默认选中状态。

（3）保存并关闭文件，启动 Tomcat，在浏览器中输入"http://127.0.0.1:8080/ch02/Select.html"，按 Enter 键，即可看到页面的显示结果，如图 2-6 所示。

图 2-6　页面的显示结果

按住 Shift 键或 Ctrl 键单击列表项，可选中连续或不连续的多个列表项。

六、label 控件

label 控件可以通过 for 属性把一个表单控件和文本联系起来，给无法通过 value 属性设置标题的控件添加标题文字。

七、fieldset 控件

fieldset 控件用于定义一个表单控件组，即一个可见的方块，当作容器对象来使用。fieldset 控件把表单分为若干个小部分，方便用户使用控件和填写大型表单，常常用在结构复杂的网页中。

案例——创建满意度调查问卷

本案例演示 label 控件和 fieldset 控件的使用方法。

（1）在 Tomcat 安装路径下的"webapps\ch02"文件夹中，新建一个 HTML 文件 Question.html。

（2）在文件中输入如下代码。

```html
<!--Question.html-->
<html>
<head>
<meta http-equiv="Content-Type" content="text/html; charset=utf-8" />
<title>客户满意度调查</title>
</head>
<body>
    <h1 align="center">ABC 酒店客户满意度调查</h1>
    <form name="form1" action="" method="post" >
        <fieldset>
            <h5>客户信息</h5>
            <label for="UserName">姓名：</label>
            <input type="text" name="UserName">
            <br>
            <label for="tel">电话：</label>
            <input type="password" name="tel">
            <br><hr>
        </fieldset>
        <fieldset>
            <h5>请问您对本次酒店住宿的总体满意度</h5>
            <input type="radio" name="radio" />满意<br>
            <input type="radio" name="radio" />不满意<br>
```

```html
        </fieldset>
        <fieldset>
            <h5>您选择本酒店的原因是</h5>
            <input type="checkbox" name="yy" />在行业中知名度高
            <br>
            <input type="checkbox" name="yy" />亲友介绍
            <br>
            <input type="checkbox" name="yy" />价格合理
            <br>
            <input type="checkbox" name="yy" />其他
            <br>
        </fieldset>
        <br><div align="center">
        <button type="submit" name="button1" value="mybutton1" tabindex=1>提交</button>
        <button type="reset" name="button2" value="mybutton2" tabindex=2>取消</button></div>
    </form>
</body>
</html>
```

上面的代码使用 label 控件为两个文本域添加文字，问卷内容中一个 fieldset 控件放置一个问题。

（3）保存并关闭文件，启动 Tomcat，在浏览器中输入"http://localhost:8080/ch02/Question.html"，按 Enter 键，即可看到页面的显示结果，如图 2-7 所示。

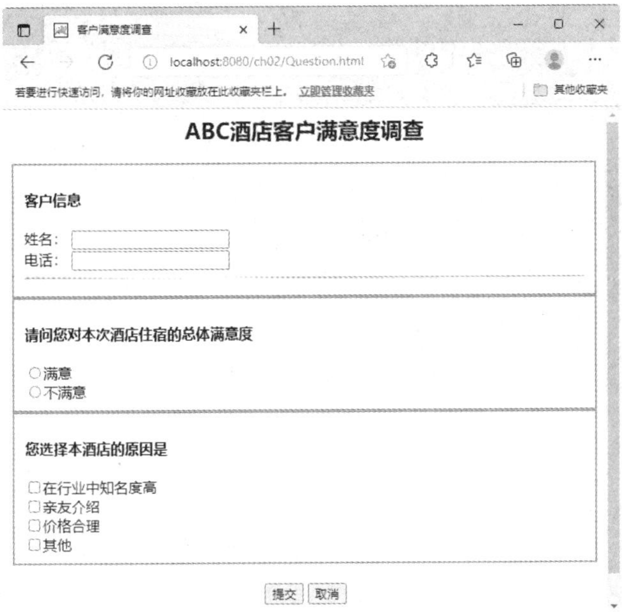

图 2-7　页面的显示结果

项目总结

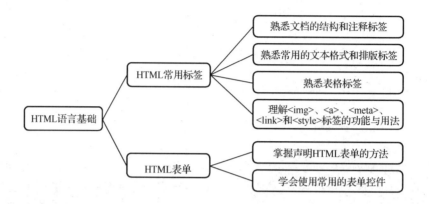

项目实战——制作注册表单

设计一个如图 2-8 所示的用户注册表单,并通过 javascript 脚本代码限制提交表单时必填项目应满足指定的条件。

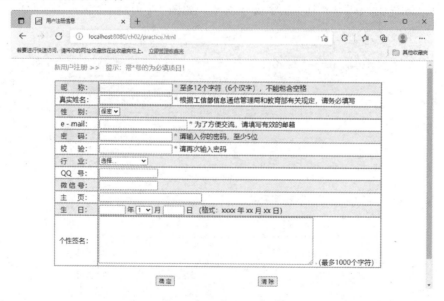

图 2-8　用户注册表单

代码如下:

```
<!--practice.html-->
<html><head><title>用户注册信息</title>
<meta http-equiv="Content-Type" content="text/html; charset=utf-8" />
```

```
<script>
function check() {
    if (document.sign.username.value == ""){
    alert("请输入用户名");
    return false;
    }
    if (document.sign.username.value.length >12){
    alert("用户名不能超过 12 个英文字符");
    return false;
    }
    if(document.sign.username.value.indexOf("'")!=-1||document.sign.username.value.indexOf("    ")!=-1||document.sign.username.value.indexOf("    ")!=-1||document.sign.username.value.indexOf("#")!=-1||document.sign.username.value.indexOf(",")!=-1){
    alert("用户名中不得有半角单引号、逗号或空格");
    return false;
    }
    if (document.sign.email.value == ""){
    alert("请输入您的电子邮箱");
    return false;
    }
    if (document.sign.password.value.length < 5){
    alert("为了安全起见,密码至少有 5 位");
    return false;
    }
    if (document.sign.password.value != document.sign.repassword.value){
    alert("您两次输入的密码不一致,请检查");
    return false;
    }
    if (document.sign.idio.value.length>1000){
    alert("用户签名文字不能超过 1000 个英文字符");
    return false;
    }
    return true;
    document.sign.submit();
}
</script>
<table cellspacing=0 cellpadding=0 width="80%" align=center border=0>
    <tbody>
    <tr>
        <td height=13><font color=#ff0000>新用户注册 &gt;&gt;  
        提示:带*号的为必填项目! </font><br><br></td></tr></tbody></table>
<center>
<form name=sign onsubmit="return check();" action=signing.jsp method="post">
<table bordercolor=#0099cc cellspacing=0 bordercolordark=#ffffff cellpadding=1 width="80%" align=center border=1>
    <tbody>
    <tr>
```

```
            <td valign=center align=middle width=100 bgcolor=#e8f3ff
                height=28>昵   称：</td>
            <td valign=center bgcolor=#e8f3ff><input class=form maxlength=12
                name=username> <strong><font color=red>*</font></strong>
                至多12个字符（6个汉字），不能包含空格</td></tr>
        <tr>
            <td align=middle height=28>真实姓名：</td>
            <td><input class=form maxlength=12 name=realname> <strong><font
                color=red>*</font></strong> 根据工信部信息通信管理局和教育部有关规定，请务必填写
</td> </tr>
        <tr>
            <td align=middle bgcolor=#e8f3ff height=28>性   别：</td>
            <td bgcolor=#e8f3ff><select class=form size=1 name=sex> <option value=保密
                selected>保密</option> <option value=男>男</option> <option
                value=女>女</option></select> </td></tr>
        <tr>
            <td align=middle height=28>e - mail：</td>
            <td><input class=form maxlength=40 size=25 name=email> <strong><font
                color=red>*</font></strong> 为了方便交流，请填写有效的邮箱</td></tr>
        <tr>
            <td align=middle bgcolor=#e8f3ff height=28>密  码：</td>
            <td bgcolor=#e8f3ff><input class=form type=password maxlength=30
                name=password> <strong><font color=red>*</font></strong>
请输入你的密码，至少5位</td></tr>
        <tr>
            <td align=middle height=30>校  验：</td>
            <td height=30><input class=form type=password maxlength=30
                name=repassword> <font color=red><strong>*</strong></font> 请再次输入密码</td></tr>
        <tr>
            <td align=middle bgcolor=#e8f3ff height=28><font color=#000000>行  
                业：</font></td>
<td bgcolor=#e8f3ff><select class=form size=1 name=job>
    <option value=保密 selected>选择...</option>
    <option value=教育/研究>教育/研究</option>
    <option value=艺术/设计>艺术/设计</option>
    <option value=法律相关行业>法律相关行业</option>
    <option value=行政管理>行政管理</option> <option value=传播/媒体>传播/媒体</option>
    <option value=顾问/分析员>顾问/分析员</option> <option value=服务/后勤>服务/后勤</option>
    <option value=工程师>工程师</option> <option value=金融/财会>金融/财会</option>
    <option value=政府机关/团体>政府机关/团体</option> <option value=人力资源及训练>人力资源
及训练</option>
    <option value=管理阶层>管理阶层</option> <option value=业务/广告>业务/广告</option>
    <option value=项目/产品经理>项目/产品经理</option> <option value=退休>退休</option>
    <option value=营销/中介>营销/中介</option>
    <option value=秘书/行政助理>秘书/行政助理</option> <option value=自由职业>自由职业</option>
    <option value=学生>学生</option> <option value=其他行业>其他行业</option>
</select> </td></tr>
```

```
  <tr>
    <td align=middle height=28>QQ  号：</td>
    <td><input class=form maxlength=25 size=15 name=qq></td>
  </tr>
  <tr>
    <td align=middle bgcolor=#e8f3ff height=28>微 信 号：</td>
    <td bgcolor=#e8f3ff><input class=form maxlength=25 size=15 name=wechat></td>
  </tr>
  <tr>
    <td align=middle height=28>主   页：</td>
    <td><input class=form maxlength=60 size=30 name=homepage></td></tr>
  <tr>
    <td align=middle bgcolor=#e8f3ff height=28>生   日：</td>
    <td bgcolor=#e8f3ff><input class=form maxlength=4 size=4 name=year> 年
      <select name=month>
      <option value=1 selected>1</option><option value=2>2</option>
      <option value=3>3</option> <option value=4>4</option>
      <option value=5>5</option> <option value=6>6</option>
      <option value=7>7</option> <option value=8>8</option>
      <option value=9>9</option> <option value=10>10</option>
      <option value=11>11</option> <option value=12>12</option></select> 月
      <input class=form maxlength=2 size=2 name=day> 日（格式：xxxx 年 xx 月 xx 日）</td></tr>
  <tr>
    <td align=middle>个性签名：</td>
    <td><textarea name=idio rows=7 wrap=hard cols=70></textarea>
（最多 1000 个字符）</td></tr></tbody></table><br><input type=hidden value=no name=isedit>
<table cellspacing=0 cellpadding=0 width="50%" border=0>
  <tbody>
  <tr>
    <td>
      <div align=center><input class=button type=submit value="确 定" name=submit>
      </div></td>
    <td>
      <div align=center><input class=button type=reset value="清 除" name=reset>
      </div></td></tr></tbody></table>
</form><br><br>
</center>
</body>
</html>
```

项目三

Java 语言基础

思政目标

- 有正确的科学观,培养编写程序的热情。
- 充分发挥主观能动性,提高独立思考、解决问题的能力。

技能目标

- 能够利用分支结构和循环结构编写简单的 Java 程序。
- 能够应用面向对象思想使用类和对象编写程序。

项目导读

由于 JSP 以 Java 作为脚本语言,因此有必要了解 Java 语言的基础知识。本项目主要介绍 Java 语言的基础语法,掌握这些基础知识对于后面学习 JSP 是相当有帮助的,读者需要认真体会。

任务1 认识 Java

| 任务引入 |

一个 JSP 页面中 HTML 与 Java 代码通常共存，通过上一个项目的学习，小王已经掌握了 HTML 表单的创建方法，但在学习别人开发的 JSP 页面时，小王看不懂其中的脚本代码了，看来要学习 JSP，Java 语言是必不可少的基础。与常见的编程语言相比，Java 语言有哪些特点呢？最基本的常量、变量如何定义？Java 语言包含哪些基本数据类型和运算符呢？

| 知识准备 |

一、Java 语言的特点

Java 是目前被广泛使用的一种面向对象的编程语言，它继承了 C、C++大量优秀的特性，同时也去除了 C 和 C++中那些模糊、复杂、容易出错的内容，并且引入了很多独特的高级特性。

作为一种程序设计语言，Java 是分布式、面向对象的，具有优秀的可移植性、安全性，可以最大限度地利用网络，代码清晰合理、简明流畅，提供了丰富的类库，使程序员可以很方便地建立自己的系统。在面向对象的程序设计（OOP）中，使用 Java 语言的继承性、封装性、多态性等面向对象的基本特征可以很好地实现信息的隐藏和对象的封装，从而降低程序的复杂性，实现代码的复用，提高开发效率。

另外，Java 引入了虚拟机机制，即在一台计算机上由软件模拟的假想的计算机。Java 编译器在获取 Java 应用程序的源代码之后，编译成符合 Java 虚拟机（JVM）规范的.class 文件。Java 虚拟机规范为不同的硬件平台提供了不同的编译代码规范，使得 Java 软件独立于平台，出色地实现了跨平台、可移植的特性。

案例——简单的 Java 程序

下面给出一个经典的"Hello World"应用程序例子，先来感受一下 Java。
（1）打开记事本，输入如下的代码。

```
//HelloWorld.Java
public class HelloWorld
{
    public static void main ( String []args )
    {
```

```
        System.out.println("Hello,World!");
    }
}
```

在这个例子里面,定义了一个 HelloWorld 类,其中没有任何属性定义,只定义了一个 main()方法。在 Java 应用程序中,main()方法是程序的入口,任何可执行 Java 程序都是从此方法开始的。

(2)将文件以文件名 HelloWorld.java 保存到 D:\jsp_source\ch03 中。这里一定要注意文件名的后缀为.java,表示这是一个 Java 源程序文件。

> **注意**:文件名应与程序中的类名相同,区分大小写。

接下来将该文件编译为字节码文件。

(3)使用 Windows+R 组合键打开"运行"对话框,输入命令"cmd",如图 3-1 所示,按 Enter 键进入命令提示符窗口。

(4)在命令提示符窗口中输入 DOS 命令,将工作目录切换到 Java 文件所在的目录,然后输入命令"javac HelloWorld.java"编译程序。编译成功后,在源程序文件所在目录下可以看到生成的字节码文件 HelloWorld.class。

字节码并不是真正的机器代码,而是虚拟代码,所以要得到程序的运行结果,还需要使用解释程序进行解释执行。

(5)在命令提示符窗口中输入命令"java HelloWorld",按 Enter 键即可输出运行结果,如图 3-2 所示。

图 3-1 "运行"对话框

图 3-2 编译、运行程序

> **注意**:使用"java"命令运行 HelloWorld.class 文件时,不要带上文件名的后缀.class,否则会报错。

二、常量和变量

1. 常量

常量是指程序运行期间不能被修改的量。Java 中有五种不同类型的常量,为整型、浮点型、布尔型、字符型和字符串型。如整型常量 123,浮点型常量 2.34,布尔型常量 true、false,字符型常量 'a' 及字符串型常量 "abcd"。

在 Java 中，通过关键字 final 定义常量，例如：

```
final double PI=3.1415926;    //定义 double 型常量 PI
```

2. 变量

变量是 Java 程序中的基本存储单元。变量的定义包括变量名、变量类型、变量初始值和变量的属性几个部分。

变量的声明格式：

```
变量类型 变量名[=value][,varName[=value]…];
```

其中，第一个方括号中内容是可选的，给出初始值的格式；后面的方括号中内容也是可选的，表示可以一次声明多个相同类型的变量，变量之间用逗号隔开。

变量类型包括整型、浮点型、布尔型、字符型。

变量名是一个合法的标识符，由字母、数字、下画线等组成。Java 变量名不能以数字开头，区分大小写，且不能为保留字。

例如，下面是合法的变量名：

intVar、Var_Type、_var、var1

不合法的变量名如下：

2var、var#、int double

变量定义示例如下：

```
int a, b, c;              //定义 3 个 int 型变量
double var1, var2=0.2;    //定义 2 个 double 型变量，并为变量 var2 赋初值
char ch1='a', ch2='b';    //定义 2 个 char 型变量，并分别赋初值
```

在程序中，变量都有使用范围，也就是作用域。变量的作用域指明可以访问该变量的代码范围。声明一个变量的同时也就指明了变量的作用域。变量按照作用域可以分为局部变量、类成员变量、方法参数和异常处理参数。

（1）局部变量：在方法或方法的代码块中声明，作用域是所在的代码块。

（2）类成员变量：在类定义中声明，作用域是整个类。

（3）方法参数：传递给方法，作用域是所在的方法。

（4）异常处理参数：传递给异常处理代码，作用域是异常处理部分。

对于局部变量和类成员变量，初始值在声明变量的时候给出，但不是必需的。方法参数和异常处理参数的变量值是调用者给出的。

三、简单数据类型

Java 语言中的简单数据类型如表 3-1 所示。

表 3-1 Java 语言中的简单数据类型

数据类型		所占位数	值的范围
整型	byte	8	$-2^7 \sim (2^7-1)$
	short	16	$-2^{15} \sim (2^{15}-1)$
	int	32	$-2^{31} \sim (2^{31}-1)$
	long	64	$-2^{63} \sim (2^{63}-1)$
浮点型	float	32	3.4e−038～3.4e+038
	double	64	1.7e−308～1.7e+308
布尔型	boolean	1	true, false
字符型	char	16	Unicode 字符

1. 整型数据

整型是一种没有小数部分的数值型数据，分为整型变量和整型常量。在 Java 中，整型有四种数据类型：byte、short、int、long。

整型变量定义举例：

```
byte b_var;      //定义 byte 型变量 b_var
short s_var;     //定义 short 型变量 s_var
int i_var;       //定义 int 型变量 i_var
long l_var;      //定义 long 型变量 l_var
```

int 型是最常用的一种，适合于 32 位、64 位处理器。对于大型计算，常会遇到因为数字过大而不能表示的情况，这个时候需要使用 long 型。byte 型常在分析网络协议和文件格式的时候表示数据，解决不同机器上的字节存储顺序问题。short 型很少使用。

整型常量有十进制整数、八进制整数（以 0 开头）、十六进制整数（以 0x 或 0X 开头）和二进制整数（以 0b 或 0B 开头）四种形式。

> **提示**：整型常量默认占 32 位，具有 int 类型的值。对于 long 类型的值，则要在数字后加 L 或 l，这样才表示一个在机器中占 64 位的长整数。

整型常量举例：

十进制整数：235，−4
八进制整数：012，−046
十六进制整数：0x23，−0X2345
二进制整数：0b110

2. 浮点型数据

浮点型数据有时也称实数，其含有小数部分，分为浮点型变量和浮点型常量。

浮点型变量又分为两种类型，float 和 double，在内存中分别占 32 位和 64 位。可以看出，单精度类型 float 和双精度类型 double 有相当高的精度和表示范围。相比较而言，float 型的精度和表示范围没有 double 型的高，但是却比 double 型的存储空间小、计算速度快，究竟使用哪种数据类型表示实数，视实际需求而定。

浮点型变量定义举例：

```
float f_var;        //定义 float 型变量 f_var
double d_var;       //定义 double 型变量 d_var
```

浮点型常量在计算机中默认占 64 位存储空间，具有 double 型数值。如果要表示 float 型常量，则需要在数据后面加 F 或 f。

在 Java 语言中，浮点型常量有两种表示方法，一种是用十进制数表示，要求必须有小数点；一种是用科学计数法表示，要求 E 或 e 之前必须有数字，之后必须是整数。

浮点型常量举例：

```
用十进制数表示：3.14，5.14f
用科学计数法表示：3E14，31e4
```

3．布尔型数据

布尔型数据只有两种取值：true 和 false，而且它们不对应于任何整数值，这与有些高级语言中 false 对应整数 0、true 对应整数 1 的情况是不一样的。例如：

```
boolean b1=false;    //定义 b1 为布尔型变量，初始值为 false
```

4．字符型数据

Java 支持的字符集是 Unicode 字符集，其字符型数据均为 16 位无符号型。同样，字符型数据也分为字符型变量和字符型常量。

字符型变量的类型为 char。与有些高级语言不同，在 Java 中，char 型数据不能用作整数，但是 char 型的数字字符与 int 型的值是可以互相转换的。而且在一般情况下，char 型的值可以自然转换成 int 型的值。

字符常量是用单引号（注意不是双引号）括起来的一个字符，例如：

```
char ch = 'A';    //定义 char 型变量 ch，实际存储的是字符'A'的编码值 65
```

5．数据类型之间的转换

整型、浮点型、字符型数据之间可以进行混和运算，计算时，其优先级关系如下：

低级 ──────────────────────────→ 高级

（byte、short、char）──→ int ──→ long ──→ float ──→ double

计算之前，不同类型的数据要先转换为统一的类型，转换分为自动转换和强制转换两种。

自动转换是指运算前按照优先级关系，低优先级数据转化成高优先级数据实现数据类型的统一。而强制转换是指程序员强制要求将数据转换成为某种其他类型，不考虑优先级关系。当将高优先级数据转换成低优先级数据的时候，可能会造成内存溢出或精度下降。

强制转换的语法格式如下：

```
(目标类型名) 要转换的值
```

案例——类型转换

本案例使用一个 Java 程序演示数据的类型转换。读者可以使用记事本编写程序，在命令提示符窗口中运行；也可以在 IDE 环境 Eclipse 中编写程序并运行。建议初学者使用后者，Eclipse 具有代码自动提示功能，修改代码后可以自动重新编译，并直接运行，能极大地提高开发效率。

（1）启动 Eclipse，选择"File"→"New"→"Project"命令，在打开的对话框的项目类型列表中选择"Java Project"，如图 3-3 所示。

图 3-3 选择"Java Project"

（2）单击"Next"按钮，在打开的对话框中输入项目名称"TypeDemo"，其他选项保留默认设置，如图 3-4 所示。

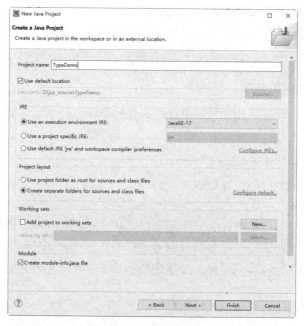

图 3-4 输入项目名称

（3）单击"Finish"按钮打开"New module-info.java"对话框，单击"Don't create"按钮关闭对话框。此时，在 Eclipse 的"Package Explorer"窗格中可以看到创建的项目。

（4）右击项目名称，从弹出的快捷菜单中选择"New"→"Class"命令，在打开的对话框中输入类名称"TypePromotion"，如图 3-5 所示。

图 3-5　输入类名称

（5）单击"Finish"按钮关闭对话框，即可在当前项目中创建一个类文件并打开。在类文件中输入代码实现类型转换，具体代码如下所示。

```
public class TypePromotion {
    public static void main(String []args){
        char c='1';              //定义一个 char 型变量
        int i=1;                 //定义一个 int 型变量
        //对 char 型变量和 int 型变量做加法运算，并输出结果
        System.out.println("char 型与 int 型相加自动转换结果为： "+(c+i));
        //对 char 型变量和 int 型变量做加法运算，并将结果强制转换为 char 型
        char tempc=(char)(c+i);
        System.out.println("char 型与 int 型相加强制转换结果为："+tempc); //输出强制转换结果
        float f=0.1f;            //定义一个 float 型变量
        //对 float 型变量和 int 型变量做加法运算，并输出结果
        System.out.println("int 型与 float 型相加自动转换结果为： "+(i+f));
    }
}
```

上面的代码是类 TypePromotion 的内容，每个 Java 程序中至少有一个带有 main()方

法的类，它是执行程序的入口。

main()方法由方法头和包含在一对花括号{}中的方法体组成。方法头的写法是固定的，只有参数名可以修改。方法体中的程序代码是执行某个任务的表达式按逻辑顺序组织在一起的一条或多条语句，每条语句以分号（;）结束。

（6）在菜单栏上单击"Run"按钮 ，即可在"Console"窗格中看到输出结果，如图 3-6 所示。

图 3-6　输出结果

四、数组

数组是指用同一名字来表示一组相同类型变量的有序集合，且用下标来唯一地确定数组中的元素。数组可以由基本数据类型的元素组成，也可以由对象（将在后面介绍）等组成。

1．一维数组

一维数组的定义有两种方式：

```
type  数组名 [];
type[]  数组名;
```

其中，type 可以是 Java 语言中任意的数据类型；数组的命名规则与变量的命名规则相同；[]指明声明的变量是数组类型变量。

数组定义举例：

```
char charArray[];        //char 型的数组
int [] intArray;         //int 型的数组
```

在 Java 中，不能像在某些高级语言中创建静态数组那样声明数组，如：

```
int intArray[50];    //语法错误
```

这样在 Java 中会产生一个编译错误。Java 语言在定义数组时只建立了一种数组的引用，分配内存、生成实例需要由 new 语句或静态初始化完成。

一维数组的元素内存分配：

```
arrayName=new type [size];
```

其中，size 为整型数据且必须为非负整数，指定数组的长度，即这条语句的作用是为数组 arrayName 分配 size 个 type 型数据的存储空间。

数组内存分配举例：

```
int intArray[];           //定义数组
intArray=new int[50];     //分配内存
```

这两条语句也可以融合到一起,即:

```
int intArray[]=new int[50];
```

与某些高级语言不同,Java 的内存回收机制也很特别,动态分配的数组空间不必须由程序员释放,即不用考虑是否用 delete 释放内存空间。上面两种数组生成方法中,由 new 操作符生成的数组元素均初始化为 0。在数组元素不多时,也可以在定义数组的同时对数组进行初始化。初始化格式如下:

```
type arrayName[]={element1[,element2[…]]};
```

其中,element1、element2…为数组元素的初值。数组元素可以有任意多个,但一定是可穷举的。例如:

```
int arr_A[] = {3,6,9,12};
```

定义数组、分配内存、初始化之后,就可以引用数组元素,对其进行操作了。引用数组元素的格式如下:

```
arrayName[index]
```

其中,index 是数组元素的下标,每个数组元素的下标是唯一的。下标从 0 开始,到数组长度减 1 结束。如定义一个长度为 4 的数组,下标可取范围只能是 0、1、2、3。

2. 二维数组

如果把数组看作另一数组的元素,那么可以实现对二维空间上数据的有序存储。更高维的情况以此类推。

二维数组定义、分配内存的方法:

```
type arrayName [][];
arrayName [][]=new type [size1][size2];
```

也可以从最高维开始,给每一维分配内存:

```
type arrayName [][];
arrayName [][]=new type [size1][];
arrayName [0]=new type[size2_1];
…
arrayName [size1-1]=new type[size2_size1];
```

例如:

```
//声明并分配内存
int arr_B[][];
arr_B=new int[3][4];
//指定第一维长度,缺省第二维长度,然后分别指定各个元素的第二维长度
int arr_B[][];
arr_B = new int[3][];
```

```
arr_B[0] = new int[4];
arr_B[1] = new int[4];
arr_B[2] = new int[4];
```

相应地，二维数组的引用方式为：

arrayName[index1][index2]

其中，index1 和 index2 是数组元素的下标，可以是整数，也可以是整型变量。

五、运算符

1．位运算符

对任何一种整数类型，都可以直接使用位运算符对其相应的二进制位进行操作。Java 提供如表 3-2 所示的位运算符。

表 3-2　位运算符

运算符	表达式	功　能	位运算举例（数据均为二进制表示形式）
~	~op1	按位取反	~10011101=01100010
&	op1&op2	按位与	00101010&00101100=00101000
|	op1|op2	按位或	01101000|10011000=11111000
^	op1^op2	按位异或	01100011^11011101=10111110
>>	op1>>op2	op1 按位右移 op2 位	11101100>>2=00111011
<<	op1<<op2	op1 按位左移 op2 位	10011000<<3=11000100
>>>	op1>>>op2	op1 添 0 右移 op2 位	01101110>>>2=00011011

其中，op1、op2 均为操作数，且只能为整型数据。

运算功能说明：

（1）按位取反：把每个二进制位取反，1 变成 0，0 变成 1。

（2）按位与：如果相应位上两个数字同为 1，则结果相应位上为 1，否则为 0。

（3）按位或时：如果相应位上两个数字同为 0，则结果相应位上为 0，否则为 1。

（4）按位异或：如果相应位上两个数字相同，则结果相应位上为 0，否则为 1。

（5）按位右移：把左操作数（op1）的二进制位序列右移右操作数（op2）位。

（6）按位左移：把左操作数（op1）的二进制位序列左移右操作数（op2）位。

（7）添 0 右移：把左操作数（op1）的二进制位序列右移右操作数（op2）位，高位补 0。

2．关系运算符

关系运算符用来比较两个操作数的关系。关系运算的结果是布尔值，如果关系运算符对应的关系成立，则关系表达式的结果为 true，否则为 false，如表 3-3 所示。

表 3-3 关系运算符

运算符	表达式	功能
>	op1>op2	比较 op1 是否大于 op2，是，则返回 true
<	op1<op2	比较 op1 是否小于 op2，是，则返回 true
>=	op1>=op2	比较 op1 是否大于等于 op2，是，则返回 true
<=	op1<=op2	比较 op1 是否小于等于 op2，是，则返回 true
==	op1==op2	比较 op1 是否等于 op2，是，则返回 true
!=	op1!=op2	比较 op1 是否不等于 op2，是，则返回 true

关系运算符常常和下面要介绍的逻辑运算符一起使用，作为流控制语句的判断条件。

3．逻辑运算符

逻辑运算符用来连接关系表达式，对关系表达式的值进行逻辑运算。逻辑运算符有三种：逻辑与（&&）、逻辑或（||）和逻辑非（!），对布尔型数据进行运算，其结果也是布尔型数据，如表 3-4 所示。

表 3-4 逻辑运算符

关系表达式 1 的值（op1）	关系表达式 2 的值（op2）	表达式		
		op1&&op2	op1||op2	!op1
false	false	false	false	true
false	true	false	true	true
true	false	false	true	false
true	true	true	true	false

4．算术运算符

算术运算符和操作数组成算术表达式，这里的操作数只能是数值型变量或常量。算术运算符如表 3-5 所示。

表 3-5 算术运算符

运算符	表达式	功能
+	op1+op2	加
	+op1	取正值
-	op1-op2	减
	-op1	取负值
*	op1*op2	乘
/	op1/op2	除（op2 不为 0）
%	op1%op2	求余
++	++op1, op1++	加 1
--	--op1, op1--	减 1

> **注意**：增量计算和减量计算在作为其他表达式的操作数时，i++（i--）与++i（--i）是不同的。i++（i--）在使用 i 之后，i 的值加 1（减 1）。++i（--i）在使用 i 之前，i 的值加 1（减 1）。

例如：

```
int i=0;
int j=0;
System.out.println(++i);      //++i,已经加1,输出值为1
System.out.println(i);        //输出值为1
System.out.println(j++);      //j++,尚未加1,输出值为0
System.out.println(j);        //输出值为1
```

任务 2　流程控制

任务引入

周末在家休息，小王给上小学的表弟讲解素数的判断方法。讲完之后，小王跃跃欲试，想利用 Java 编写一个程序，实现输出 100 以内的所有素数。判断并输出素数的方法是一样的，但 100 个数不能一个数写一段代码进行判断并输出。通过查阅资料，小王知道了在 Java 语言中，可以使用分支结构语句判断条件成立与否并执行相应的操作，使用循环结构语句多次执行同一段代码。在 Java 中，有哪些分支结构语句？常用的循环结构语句有哪些，它们之间有什么区别呢？

知识准备

Java 的流程控制支持分支和循环结构，支持方法调用。

一、分支结构

分支结构根据条件值或表达式值的不同选择执行不同的语句序列。分支结构有下面两种。

1．if 结构

在 Java 语言中，最简单、最基本的条件结构是 if 结构，语法格式如下。

```
if(condition) statement;
```

如果 condition（条件）为真，则执行 statement（语句/语句块），否则跳过 statement 执行下面的语句。其中，condition 的值必须为布尔值，因此 condition 必须为一个关系表达式或布尔逻辑表达式；statement 既可以是一条语句，也可以是用花括号括起来的语句块。

例如，利用 if 语句比较两个数的大小的代码如下。

```java
//Max.Java
public class Max{
    public static void main(String []args){
        int a=10;
        int b=20;
        if(a>b)
            System.out.println("a 大于 b。");
        if(a<=b)
            System.out.println("a 不大于 b。");
    }
}
```

上述代码的含义是，如果条件 a>b 成立，则输出"a 大于 b。"；如果条件 a<=b 成立，则输出"a 不大于 b。"。

对于稍微复杂一点的分支结构，可以使用 if-else 结构，这种结构在 Java 中最为常见，格式如下。

```
if(condition)
    statement1;
else
    statement2;
```

当 condition 为真时，程序执行 statement1，执行完毕之后跳过 statement2 执行下面的语句；否则程序执行 statement2，执行完毕之后直接执行下面的语句。

例如，使用 if-else 结构比较两个数的大小的代码如下。

```java
//Max.Java
public class Max{
    public static void main(String []args){
        int a=10;
        int b=20;
        if(a>b)
            System.out.println("a 大于 b。");
        else
            System.out.println("a 不大于 b。");
    }
}
```

上述代码的含义是，如果条件 a>b 成立，则输出"a 大于 b。"，否则输出"a 不大于 b。"。

如果要处理多个分支，可以使用 if-else if 结构，格式如下。

```
if(condition1)
    statement1;
else if (condition2)
    statement2;
…
```

```
    else if(conditionn)
        statementn;
    else
        statement;
```

例如，使用 if-else if 结构判断两个数的大小关系的代码如下。

```
//Max.Java
public class Max{
    public static void main(String []args){
        int a=10;
        int b=20;
        if(a>b)
            System.out.println("a 大于 b。");
        else if(a<b)
            System.out.println("a 小于 b。");
        else
            System.out.println("a 等于 b。");
    }
}
```

上述代码的含义是，如果条件 a>b 成立，则输出"a 大于 b。"；否则如果条件 a<b 成立，则输出"a 小于 b。"；否则输出"a 等于 b。"。

上述三种 if 条件结构，根据实际需要，在 statement 为语句块的时候，可以嵌套另外的条件结构，使用时要注意 if 和 else 的搭配。

例如，使用嵌套条件结构比较两个数的关系的代码如下。

```
//Max.Java
public class Test{
    public static void main(String []args){
        int a=10;
        int b=20;
        if(a>b)
            System.out.println("a 大于 b。");
        else
        {
            if(a<b)
                System.out.println("a 小于 b。");
            else
                System.out.println("a 等于 b。");
        }
    }
}
```

上述代码的含义是，如果条件 a>b 成立，则输出"a 大于 b。"，否则判断条件 a<b 是否成立，如果成立，则输出"a 小于 b。"，否则输出"a 等于 b。"。

2. switch 结构

switch 结构是多分支结构,根据表达式的值从多个分支中选择一个来执行。格式如下。

```
switch(expression){
    case value1:statement1;break;
    case value2:statement2;break;
    …
    case valuen:statementn;break;
    default: statement;
}
```

其中,表达式 expression 只能返回 int 型、byte 型、short 型和 char 型几种数据类型;case 中的 value 必须是常量,而且所有 case 子句中的 value 值不应该相同。当某一 case 子句中的 value 值与表达式值相匹配时,程序执行子句中的 statement 语句,之后执行 break 语句跳出分支结构,如果没有 break 语句则继续对下面的 case 子句进行判断;default 子句是可选的。从功能上来讲其等同于 if-else if 结构。

案例——评分等级

本案例根据成绩等级给出相应的百分制分数范围。

(1)启动 Eclipse,创建一个名为 ScoresEvaluation 的 Java 项目,在其中添加一个名为 SwitchTest 的类。

(2)在类文件中添加 main()方法,利用 switch 语句给出成绩等级的分数范围。具体代码如下。

```
//引入包,以便获取控制台输入
import java.util.Scanner;
public class SwitchTest {
    //根据成绩等级给出相应的百分制分数范围
    public static void main(String []args){
        //创建扫描器,用于获取控制台输入的值
        Scanner sc = new Scanner(System.in);
        //输出提示信息
        System.out.println("请输入成绩等级(A~E): ");
        //获取用户在控制台上输入的字符
        String scores = sc.next();
        //提取输入字符中的第一个
        char grade = scores.charAt(0);
        //比较字符,进行分支选择
        switch (grade){
            case 'A':System.out.println(grade+" is 90～100.");break;
            case 'B':System.out.println(grade+" is 80～89.");break;
            case 'C':System.out.println(grade+" is 70～79.");break;
            case 'D':System.out.println(grade+" is 60～69.");break;
```

```
                    case 'E':System.out.println(grade+" is 0～59.");break;
                    default:System.out.println("error!no grade of "+grade);
                }
                //关闭扫描器
                sc.close();
            }
        }
```

上述的 main()方法中，首先构造了一个 Scanner 类对象 sc，它附属于标准输入流 System.in，用于获取控制台输入。

next()方法用于接收字符串。要注意的是，next()方法一定要读取到有效字符后才可以结束输入，对输入有效字符之前遇到的空格键、Tab 键或 Enter 键等结束符，会自动将其去掉；只有在输入有效字符之后，next()方法才将其后输入的空格键、Tab 键或 Enter 键等视为分隔符或结束符。

在获取成绩等级信息时，charAt()方法用于返回指定索引处的字符，由于索引范围为 0～字符串长度-1，因此 charAt(0)返回的是输入字符串中的第一个字符。

（3）运行程序，在控制台中根据提示输入成绩等级，按 Enter 键输出结果。如果输入的字符不是 A～E，执行 default 语句，输出错误提示，如图 3-7 所示。如果输入的是 A～E，则匹配相应的 case 语句，输出对应的分数范围，如图 3-8 所示。

图 3-7 运行结果 1

图 3-8 运行结果 2

二、循环结构

循环结构的作用是反复执行一段代码，直到满足终止条件。循环结构一般分为初始化、循环体、迭代、判断四个部分。循环结构一般有三种形式可以选择：while 循环、do-while 循环和 for 循环。

1. while 循环

while 循环的一般格式为：

```
[initialization]
while(condition)
{
    body;
    [iteration];
}
```

其中，initialization 是初始化控制条件，不是必需的；condition 是判断部分，当 condition 为真时，程序执行循环体内的语句和迭代语句，执行完毕后再次判断 condition 是否为真，否则跳出循环执行下面的语句；body 是循环体；iteration 为迭代语句，是可选的。循环结构通过设计初始值和迭代方法控制循环次数。

2．do-while 循环

do-while 循环的一般格式为：

```
[initialization]
do{
    body;
    [iteration];
}while(condition);
```

此循环结构中各部分含义与 while 循环结构相同。进入 do-while 循环后，不管 condition 是否为真，首先执行循环体内的语句，执行完毕后对 condition 进行判断，如果为真则继续循环，否则跳出循环执行下面的语句。

3．for 循环

for 循环属于确定循环，在执行循环前就已经知道了循环将被重复执行多少次。其一般格式为：

```
for(initialization; condition; iteration){
    body;
}
```

for 循环开始执行时，先执行初始化部分 initialization，然后判断 condition 是否为真，如果为真则执行循环体内代码和迭代语句 iteration，否则跳出循环体。完成一次循环之后，重新判断终止条件，直到满足终止条件停止循环。

循环体内可以是一条语句，也可以是语句块，语句块中又可以有循环结构，从而实现循环的嵌套。

案例——计算数列之和

本案例分别使用 3 种循环结构计算数列 1、2、3、…、100 的和。
（1）启动 Eclipse，创建一个名为 Circulation 的 Java 项目，在其中添加一个同名的类。
（2）在类文件中添加 main()方法，利用 3 种循环结构计算数列的和。具体代码如下。

```
//求 1～100 的整数和
public class Circulation {
    public static void main(String[] args){
        int i=1;           //定义循环变量并初始化
        int sum1=0;        //定义数列和的初值
        int j=100;         //定义数列最后一个值
        System.out.println("使用 while 循环结构计算");
```

```
//利用 while 循环计算 1+2+3+…+100
while(i<=j){
    sum1=sum1+i;
    i++;
}
//输出计算结果
System.out.println("1+2+3+...+100="+sum1);
//输出分隔线及一个空行
System.out.println("----------------------------\n");
System.out.println("使用 do...while 循环结构计算");
//利用 do-while 循环计算 1+2+3+…+100
int m=1;
int sum2=0;
do{
    sum2=sum2+m;
    m++;
}while(m<=100);
//输出计算结果
System.out.println("1+2+3+...+100="+sum2);
System.out.println("----------------------------\n");
System.out.println("使用 for 循环结构计算");
//利用 for 循环计算 1+2+3+…+100
int sum3 = 0;
for(int n=1;n<=100;n++){
    sum3 = sum3 + n;
}
System.out.println("1+2+3+…+100="+sum3);
    }
}
```

（3）运行程序，在控制台中可以看到运行结果，如图 3-9 所示。

图 3-9　运行结果

案例——输出素数

本案例通过循环嵌套，输出 1～100 的所有素数。

（1）启动 Eclipse，创建一个名为 CirculationNest 的 Java 项目，在其中添加一个同名的类。

（2）在类文件中添加 main()方法，在 for 循环中嵌套 while 循环结构，输出 1～100 的所有素数。具体代码如下。

```java
//输出 1～100 的所有素数
public class CirculationNest {
    public static void main(String []args){
        //从 2 开始，对 2～100 的整数进行判断
        for(int i=2;i<=100;i++){
            int j=2;
            //对小于 i 的整数，都做除数去除 i，如果余数为 0 则跳出循环
            while((i%j)!=0){
                j++;
            }
            //如果循环结束时 i 与 j 相等，则说明 i 是素数，输出 i
            if(j==i) {
                System.out.print(i+"\0");
            }
        }
    }
}
```

（3）运行程序，在控制台中可以看到运行结果，如图 3-10 所示。

图 3-10　运行结果

任务 3　类与对象

| 任务引入 |

小王经常在图书馆和学习论坛里潜心学习，知道 Java 是一种完全面向对象的编程语言，而面向对象程序设计的核心是"类"和"对象"。那么什么是类和对象呢？在 Java 中如何创建类与对象？除了自定义的类和对象，如何使用 Java 内置的各种类库呢？

| 知识准备 |

一、认识类与对象

对象是程序的基本单位，相似的对象被抽取共同的特征归并到类中。类是一种对象

类型，是对具有相似特征和行为的对象的抽象。对象是在程序执行过程中由其所属的类动态生成的，一个类可以生成多个不同的对象。对象和类的关系就像变量和其数据类型的关系一样。类是 Java 的基本组成要素，是一类对象的原型。创建一个新的类，就是创建一种新的数据类型，创建一个类的实例，就是生成一个类的对象。

在 Java 语言中，一个对象可以为变量和方法指定一种访问权限。访问权限决定哪个对象和类可以访问变量或者方法。对象之间利用消息进行交互作用和通信。通过这些对象的交互作用，可以获得高级的功能及更为复杂的行为。

二、创建类与对象

类的定义包括类声明和类体两个部分，而类体又包括变量和方法两部分。
声明类的语法格式如下。

```
[public][abstract][final] class className [extends SuperClassName] [implements InterfaceNameList]{
…
}
```

其中，class 为类声明关键字，className 为类名。类的命名规范与变量的命名规范相同。修饰符 public、abstract、final 说明了类的属性，SuperClassName 说明了父类的类名，InterfaceNameList 是类实现的接口列表。public 属性指明任意类均可访问这个类，后面需要用到的基本上都是 public 类。

类中定义的变量和方法都是类的成员。对类的成员可以设置访问权限，有 private、protected、public、default 四种。

（1）private：限定为 private 的成员只能被这个类本身访问。

（2）protected：限定为 protected 的成员可以被这个类本身、它的子类及同一个包（package）中的所有其他的类访问。

（3）public：限定为 public 的成员可以被所有的类访问。

（4）default：不加任何访问权限限定的成员属于默认的访问状态，可以被这个类本身和同一个包中的类访问。

成员变量的声明格式如下。

```
type variableName;
```

成员变量是 Java 中的任意数据类型，包括简单数据类型和复杂数据类型，也就是说数组、类、接口都可以成为成员变量。

成员方法相当于 C/C++中的函数，定义格式如下。

```
methodDec{
    methodBody
}
```

每个成员方法都必须返回一个值或声明返回为空（void）。在某些情况下，成员方法需要表示它是否成功地执行了某项操作，这种情况下，返回类型通常为布尔型。返回值不是空的方法，可以使用 return 语句返回一个值，返回值的数据类型必须和方法声明中的返回值类型一致。

类还有一个特殊的成员方法叫作构造函数,它通常用于初始化类的数据成员。在创建对象时,会自动调用类的构造函数。Java 中的构造函数必须与该类具有相同的名字,另外,构造函数一般用 public 类型来说明,这样才能在程序的任意位置创建类的实例——对象。

创建了类之后,通常需要使用它来完成某种工作。实现这种需求,需要先把一个抽象的类实例化为一个具体的对象。在 Java 中,使用 new 运算符创建对象,语法结构如下。

```
className Myclass=new className([args]);
```

案例——定义矩形类

下面以定义矩形类为例来演示定义类及类成员的方法。

每个矩形都有两个必要属性,即宽和高,则在定义矩形类的时候需要定义两个成员变量。对于矩形,希望实现的操作有:获得宽(getWidth)、获得高(getHeight)、设置宽(setWidth)、设置高(setHeight),以及获得面积(getArea),则在类的定义中需要添加对应的 5 种成员方法,分别实现上面的功能。

(1) 启动 Eclipse,创建一个名为 Rectangle 的 Java 项目,在其中添加一个同名的类。

(2) 在类文件中定义类的成员变量和方法,添加 main() 方法创建类 Rectangle 的对象并初始化,具体代码如下。

```java
public class Rectangle {
    //定义类的成员变量
    private static int width;
    private static int height;
    //定义构造函数,传递参数初始化对象
    public Rectangle(int w,int h){
        width=w;
        height=h;
    }
    //定义成员方法,获得对象的宽
    public int getWidth(){
        return width;
    }
    //定义成员方法,获得对象的高
    public int getHeight(){
        return height;
    }
    //定义成员方法,传入参数设置对象的宽
    public void setWidth(int w){
        width=w;
    }
    //定义成员方法,传入参数设置对象的高
    public void setHeight(int h){
```

```
            height=h;
     }
     //定义成员方法，计算矩形的面积
     public int getArea(){
            return width*height;
     }
     public static void main(String[] args){
            //创建类对象，传递参数初始化对象
            Rectangle myRectangle=new Rectangle(15,25);
            //输出矩形对象的宽、高和面积
            System.out.println("width 为： "+ myRectangle. getWidth());
            System.out.println("height 为： "+ myRectangle. getHeight());
            System.out.println("area 为： "+ myRectangle. getArea());
     }
}
```

上面的代码中，在实例化矩形类时，通过构造函数直接对矩形的宽和高赋值。

（3）运行程序，在控制台中可以看到运行结果，如图 3-11 所示。

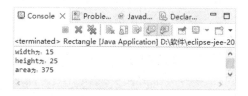

图 3-11　运行结果

三、引用包

包（package）是一组类的集合。Java 本身提供了许多包，如 Java.io、Java.util 和 Java.lang，它们存放了一些基本类，如 System 和 String。用户也可以为自己的几个相关的类创建一个包。把类放入一个包内后，对包的引用可以替代对类的引用。此外，包这个概念也为使用类的数据与成员方法提供了许多方便。表 3-6 列出了 Java 自带的一些常用包。

表 3-6　Java 自带的一些常用包

包　名　称	包的内容描述
基本语言类	为 Java 语言的基本结构（如字符串类、数组类）提供基本的类描述
实用类	提供一些如编码、解码、哈希表、向量、堆栈之类的实用例程
I/O 类	提供标准的输入/输出及文件例程
applet 类	提供与支持 Java 的浏览器进行交互的例程
另一个窗口工具集类（AWT 类）	AWT 提供一些如字体、控制、按钮、滚动条之类的图形接口
网络类	为通过 telnet、ftp、www 之类的协议访问网络提供例程

引用包中的一个类可以有如下三种方法。

（1）在每个类名前给出包名，如：

Shapes.Rectangle REET=new Shapes.Rectangle(10, 20);

（2）引用类本身，如：

import Shapes.Reckargle;

（3）引用整个包，如：

import Shapes;

注意：包引用语句要位于包声明语句之后，类或接口定义之前。

项目总结

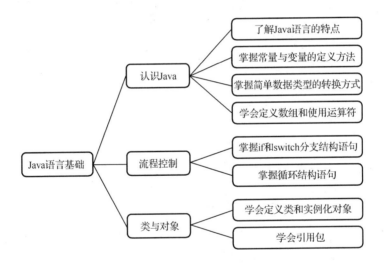

项目实战

实战 1——冒泡排序

下面利用冒泡排序法，使用循环结构和分支结构对随机生成的 10 个整数进行排序。具体代码如下。

```
public class BubbleSort {
    static int size=10;                    //数组长度
    static int array[]=new int[size];      //初始化数组
    //遍历数组并输出
```

```java
public static void showArray(){
    for(int i=0;i<size;i++) {
        System.out.print(array[i]+"\0 ");
    }
    System.out.println();
}
//冒泡排序法
public static void sortArray(){
    int i ;
    int temp;
    //共比较 size-1 轮
    for(int pass=1;pass<size;pass++){
        for(i=0;i<size-pass;i++){
            //若前者比后者大则交换位置
            if(array[i]>array[i+1]){
                temp=array[i];
                array[i]=array[i+1];
                array[i+1]=temp;
            }
        }
    }
}
public static void main(String[] args){
    for(int i=0;i<size;i++) {
        //调用 random()方法，生成随机数序列
        array[i]=(int)(Math.random()*100);
    }
    System.out.println("生成的随机数序列为：");
    showArray();                    //调用方法输出生成的随机数序列
    sortArray();                    //调用方法进行排序
    System.out.println("排序后的数列为：");
    showArray();                    //输出排序后的数列
}
```

运行程序，在控制台中可以看到运行结果，如图 3-12 所示。

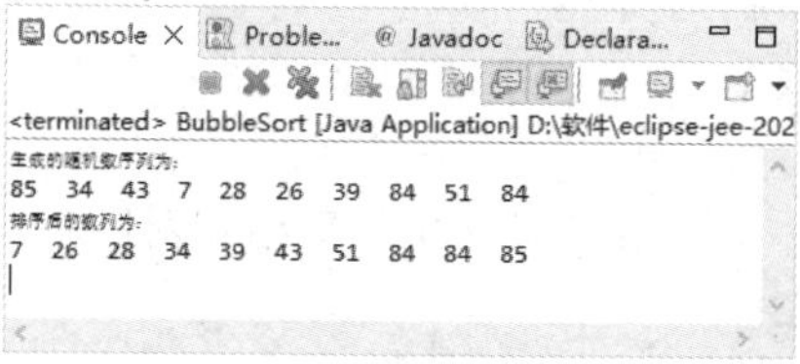

图 3-12　运行结果

实战 2——定义时间类

下面定义一个时间类,提供和设计由时、分、秒组成的时间。具体代码如下。

```java
public class Time {
    //定义成员变量
    static int hour;            //时
    static int minute;          //分
    static int second;          //秒
    //定义方法,获取小时数
    public static int getHour(){
        return hour;
    }
    //定义方法,获取分钟数
    public static int getMinute(){
        return minute;
    }
    //定义方法,获取秒数
    public static int getSecond(){
        return second;
    }
    //定义方法,设置小时数
    public static void setHour(int h){
        hour=h;
    }
    //定义方法,设置分钟数
    public static void setMinute(int m){
        minute=m;
    }
    //定义方法,设置秒数
    public static void setSecond(int s){
        second=s;
    }
    //定义方法,打印时间
    public static void showTime(){
        System.out.println(getHour()+":"+getMinute()+":"+getSecond());
    }
    //定义方法,设置时间
    public static void setTime(int h,int m,int s){
        setHour(h);
        setMinute(m);
        setSecond(s);
    }
    //定义主方法
    public static void main(String[] args){
```

```
        System.out.print("默认初始化的时间:");
        showTime();              //显示时间
        setTime(12,45,32);       //设定时间
        System.out.print("调用方法初始化的时间:");
        showTime();              //显示时间
    }
}
```

运行程序，在控制台窗格中可以看到运行结果，如图 3-13 所示。

图 3-13　运行结果

项目四

JSP 基本语法

思政目标

➢ 从基础入手，不断扩展知识范围，培养持之以恒的精神。
➢ 在掌握技能目标的同时，培养耐心细致、求真务实的优秀品质。

技能目标

➢ 能够理解 JSP 的语法规则。
➢ 能够在 JSP 页面中使用指令元素和动作元素。

项目导读

　　一个 JSP 页面可以分为两个部分：一部分是传统的 HTML 部分，JSP 引擎对模板部分不做处理，直接发送到客户端浏览器；一部分是 JSP 元素，这部分由服务器端的 JSP 引擎处理，转译为 Servlet。JSP 元素部分又可以分为变量和方法的声明、指令和动作标签几个部分。因此，JSP 的语法包括声明、表达式、脚本、注释，页面指令元素和动作元素，是编写 JSP 程序的基础。

任务 1　语法规则

| 任务引入 |

通过上一个项目的学习，小王掌握了 Java 语言的基本语法，想编写一个动态网页中很常见的访客计数器体验一下效果。JSP 页面虽然同时存在 HTML 代码和 Java 代码，但并不是两者的直接混合，而应遵循一定的语法规则。那么，Java 代码该如何添加到 JSP 页面中呢？在代码中添加注释是一个很好的编程习惯，在 JSP 页面中怎样添加注释内容呢？

| 知识准备 |

JSP 的基本语法规则主要包括声明、表达式、脚本和注释。

一、声明

在使用一个变量或引用一个对象的方法和属性前，必须对要使用的变量和对象进行声明。

JSP 中声明变量或方法的语法格式如下。

```
<%!
    declaration;[[declaration;];…]
%>
```

其中，declaration 可以是 Java 语言中变量的声明，也可以是方法的声明。在<%!…%>中，可以声明多个变量或对象实例，但每个声明都要以分号结束。

例如：

```
<%!
    int count=0;
    void accessCount(){
        count++;
    }
%>
```

声明的变量和对象实例都只在当前页面中有效，如果希望在别的页面中包含此页面的声明，可以把这些声明写成一个单独的文件，然后通过<%@ include %>或<jsp:include>的方法将这个页面"包含"到另外的 JSP 页面中去。

除了可以使用在 JSP 程序中声明的变量和对象实例，还可以使用通过<%@ page %>导入的 Java 开发包中声明的变量和对象，与 Java 语言中使用 import 关键字引入包相似。

用前面的声明语句也可以实现类的声明，例如：

```
<%!
    public class Book{
        int BookID;
        float Price;
        Book(int ID){BookID=ID;}
        float getPrice(){return Price;}
        void setPrice(float p){Price=p;}
    }
%>
```

> **注意**：使用<%!...%>声明的变量为全局变量，也就是说，如果同时有多个用户执行当前JSP网页，将会共享此变量。因此，在使用<%!...%>声明变量时，一定要慎重。如果不需要多个用户共享该变量，则不要使用<%!...%>方法，而是直接在<%...%>中声明使用即可。

二、表达式

在脚本语言中定义JSP表达式，运行后表达式结果会自动转化为字符串，插入到表达式在JSP页面中出现的位置，并显示在服务器端的HTML页面中。

插入JSP表达式的语法格式如下。

```
<%= expression %>
```

如前面例子中，使用表达式输出计算器的值的代码如下。

```
<%=count%>
```

这条语句的作用就是在客户端显示count的值（字符串）。由于表达式的值是被转化为字符串显示在客户端的，因此插入表达式的位置应该是显示文本的位置。表达式中等号右侧可以是变量，也可以是一个计算表达式。如果等号右边是一个复杂的表达式，则从左向右处理该表达式。

> **注意**：与JSP声明不同，不能在一个表达式的末尾添加分号";"。此外，本处所提到的表达式并不是本书后续项目中要介绍的表达式语言（EL）。

三、Scriptlet（脚本）

Scriptlet是指<%...%>中的Java代码脚本，它被直接插入到JSP生成的Servlet中，是实际编写的JSP程序的主要部分。在<%...%>中可以包含任意行语句、变量和对象实例的声明，以及表达式。

> **注意**：这里提到的声明和表达式是指Java语言中的声明和表达式。

插入 Scriptlet 程序片断的语法格式如下：

```
<% code fragment %>
```

<%…%>里面的 code fragment 就是程序代码。例如，在前面例子中，调用 accessCount() 方法的语句就是一段 Scriptlet。

```
<%
    accessCount();
%>
```

案例——访客计数

本案例通过在 JSP 文件中声明变量和方法，实现网页访客计数的功能。

（1）启动 Eclipse，创建一个名为 Count 的动态 Web 项目，在其中添加一个名为 index.jsp 的 JSP 文件。

（2）在<body>标签中声明计数的变量和方法，具体代码如下。

```
<%@ page language="java" contentType="text/html; charset=UTF-8"
    pageEncoding="UTF-8"%>
<!DOCTYPE html>
<html>
<head>
<meta charset="UTF-8">
<title>Insert title here</title>
</head>
<body align="center">
<font color = #FF00FF size=6>
<%!
    int count=0;
    void accessCount(){count++;}
%>
<%
    accessCount();
%>
    您是本站第<%=count%>    位访客。
</font>
</body>
</html>
```

上面的代码通过 accessCount()方法实现了一个简单的计数器。启动 JSP 引擎之后，每打开一次此页面，都会调用一次 accessCount()方法，成员变量 count 加 1，又由于 Servlet 程序是常驻内存的，因此实现了计数器的功能。

（3）在服务器上运行程序，打开浏览器将显示如图 4-1 所示的页面。

（4）刷新页面，可以看到页面中的计数值也随之自动更新，如图 4-2 所示。

图 4-1　第一次运行的结果

图 4-2　刷新 5 次后的页面效果

提示：本案例中，如果关闭 JSP 引擎后再次打开，计数器将从 0 开始重新计数。

接下来添加脚本，当计数器计到 5 以后，重新开始计数。<body>标签范围内的代码如下所示。

```jsp
<body align="center">
<font color = #FF00FF size=6>
<%!
    int count=0;
    void accessCount(){count++;}
%>
<%
    accessCount();
%>
    您是本站第<%=count%>   位访客。
</font>
    <br>
<font color = green size=4>
<%
    int MAX=5;
    if(count==MAX){
%>
    重新开始计数!
<%
        count=0;
    }
%>
</font>
</body>
```

此代码在一段脚本中定义了一个计数上限 MAX，当计数值达到上限时重新开始计数并给出提示。在计数值没有达到上限时，是不显示重新开始的提示的，因此，JSP 页面中并非所有的 HTML 代码都会被放入最终结果中发送给客户端。

要注意的是，在 Scriptlet 中声明的变量的作用域不一定是整个 JSP 页面，有些只在此程序片段内有效，执行完这个程序片断之后，这个变量在内存中就会被释放。作用域有多大取决于转译成的 Servlet 代码中相应变量的作用域。根据这个性质，程序员可以灵活地在 Scriplet 程序片断中设定需要的变量，节约系统资源，提高效率。

（5）在服务器上运行程序，将打开浏览器显示计数页面。刷新一次，计数值增加 1。计数值增加到 5 时，可以看到如图 4-3 的页面。

图 4-3　重新开始计数

四、注释

JSP 提供了两种注释语句，一种与 HTML 语言中的注释相同，称为 HTML 注释；另一种称为隐藏注释，这两种注释在客户端浏览器上都是不显示的。不同的是，HTML 注释在客户端源代码中会出现相同的语句，而隐藏注释在客户端源代码中是不可见的。

HTML 注释语句的格式如下。

`<! --comment [ <%= expression %> ] -->`

HTML 注释语句可以包含表达式，表达式的值转化为字符串之后插入到注释语句中，在客户端是可见的。

隐藏注释语句的格式如下。

`<% --comment --%>`

被隐藏注释的方式注释掉的语句，在 JSP 页面中执行的时候会被忽略，不再执行，并且被注释语句注释掉的信息不会被送到客户端的浏览器中。在使用的时候，一定要注意<%--...--%>必须成对出现。

案例——注释语句示例

下面通过在页面中添加 HTML 注释和隐藏注释，帮助读者了解这两种注释方式的区别。

（1）启动 Eclipse，创建一个名为 Comments 的动态 Web 项目，在其中添加一个名为 Comments.jsp 的 JSP 文件。

（2）在<body>标签中添加文本和注释，具体代码如下。

```
<%@ page language="java" contentType="text/html; charset=UTF-8"
    pageEncoding="UTF-8"%>
<!DOCTYPE html>
<html>
<head>
<meta charset="UTF-8">
<title>Comments Demo</title>
</head>
<body align="center">
<font color = #FF00FF size=6>
Comments Demo
<!--我是 HTML 注释：看不到我，看不到我-->
<!--<%="我是 Scriptlet 的 HTML 注释"%>HTML 注释-->
<%--我是 JSP 隐藏注释--%>
</body>
</html>
```

（3）在服务器上运行程序，运行结果如图 4-4 所示。

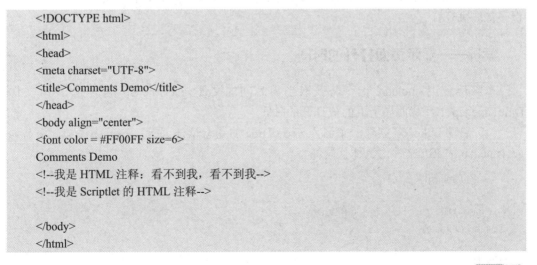

图 4-4　运行结果

（4）在浏览器中查看网页源文件，可以看到如下代码。

```
<!DOCTYPE html>
<html>
<head>
<meta charset="UTF-8">
<title>Comments Demo</title>
</head>
<body align="center">
<font color = #FF00FF size=6>
Comments Demo
<!--我是 HTML 注释：看不到我，看不到我-->
<!--我是 Scriptlet 的 HTML 注释-->


</body>
</html>
```

> **注意**：代码中的空行，是在服务器端源文件中嵌入了隐藏注释的位置。

任务 2　指令元素

| 任务引入 |

在项目一的实战练习中，小王编写了一个显示系统当前时间的 JSP 页面。现在他希望项目中的每个页面在打开时都能显示当前时间，难道要在每个页面中重复编写显示时间的代码？小王请教了同学，知道了利用 JSP 指令，只需一行代码就可以轻松实现这项功能。小王兴致勃勃地打开网页，他很想知道 JSP 提供了哪些指令元素，这些指令元素可以实现什么便捷操作。

| 知识准备 |

JSP 技术中的指令元素主要有三个：include 指令、page 指令、taglib 指令。

一、include 指令

JSP 语言规范中提供了在一个文件中包含其他文件的功能，实现这种功能的方法有两种，一种是使用 JSP 动作元素中的 include 动作，另一种是使用下面要介绍的 include 指令。

include 指令的语法格式如下。

```
<%@include file=relativeURLspec %>
```

在 JSP 中，使用 include 指令可以将 JSP 文件、HTML 文件或 TEXT 文件包含到一个 JSP 文件中。使用这种方法包含文件，会将被包含文件的内容插入到包含文件中，替换掉<%@ include %>语句。如果包含的是一个 JSP 文件，那么包含在这个文件中的 JSP 程序将被执行。

案例——显示页面打开的时间

本案例使用 include 指令将获取当前时间的文件 getTime.jsp 包含到 JSP 文件 DateTime.jsp 中，从而显示页面被打开的时间。

（1）启动 Eclipse，创建一个名为 ShowTime 的动态 Web 项目，在其中添加一个名为 getTime.jsp 的 JSP 文件，具体代码如下。

```
<!--getTime.jsp-->
<%
java.util.Date date = new java.util.Date();
out.println(date);
%>
```

注意：本案例中的 JSP 文件中没有包含<html>、</html>、<body>、</body>等 HTML 元素。使用 include 指令包含一个文件的时候，常出现的一个错误是在当前文件和被包含文件中同时含有<html>、</html>、<body>、</body>等 HTML 元素，这样会导致执行错误。

（2）在项目中添加一个名为 DateTime.jsp 的 JSP 文件，使用 include 指令包含 getTime.jsp，具体代码如下。

```
<!--DateTime-->
<html>
<head>
<title>DateTime</title>
</head>
<body>
    <h1>JSP Date Demo Page</h1>
    The current date is
    <%@ include file="getTime.jsp" %>.
</body>
</html>
```

（3）在服务器上运行 DateTime.jsp 文件，即可显示当前页面的打开时间，如图 4-5 所示。

图 4-5　页面效果

使用包含文件可以使被包含文件在多个文件中同时使用，实现了代码共享和重用，也为维护提供了方便。

二、page 指令

在 JSP 文件中，可通过 page 指令定义整个 JSP 页面的属性。通过这个指令定义的属性会在所在 JSP 文件和包含的静态 JSP 页面中起作用，但不会对动态包含文件起作用。page 指令的语法比较复杂，定义格式如下。

```
<%@ page
[ language="java" ]
[ extends="package.class" ]
[ import="{package.class | package.*},..." ]
```

```
[ session="true | false" ]
[ buffer="none | 8kb | sizekb" ]
[ autoFlush="true | false" ]
[ isThreadSafe="true | false" ]
[ info="text" ]
[ errorPage="relativeURL" ]
[ contentType="mimeType [ ;charset=characterSet ]" | "text/html ; charset=ISO-8859-1" ]
[ isErrorPage="true | false" ]
[ pageEncoding="encodeInfo" ]
[ isELIgnored="true | false" ]
%>
```

使用 page 指令，可以为整个 JSP 页面定义全局属性。<%@ page %>可以放在页面的任何位置，但最好放在 JSP 页面的顶部。另外，如果在多个 JSP 页面中都要使用<%@ page %>定义全局属性，可以将此指令单独在一个 JSP 页面中进行定义，然后在所有使用此指令的页面中将其包含进去。

下面讲解各种属性：

（1）language="java"：说明在此 JSP 文件中使用的脚本语言，一般不需要设置，默认为 Java 语言。

（2）extends="package.class"：声明 JSP 页面中将要使用的 Java 超级类的名称。使用的时候需要谨慎，因为使用 extends 属性会限制 JSP 页面的编译能力。

（3）import="{package.class | package.* },..."：使用这个属性，可以将 Java 包包含到当前 JSP 页面中。如果需要包含多个包，将这些包的名称用逗号隔开放在一个 import 语句中，或者使用多个 import 语句分别声明。一些 Java 包是默认包含的，在编写 JSP 页面时没有必要再次声明，如：

```
java.lang.*
javax.servlet.*
javax.servlet.jsp.*
javax.servlet.http.*
```

（4）session="true|false"：session 属性定义客户在浏览 JSP 页面时是否使用 HTTP 的 session（会话控制）。如果此值设定为 true，则可以使用 session 对象；否则不能使用 session 对象。默认值为 true。

（5）buffer="none|8kb|sizekb"：为 out 对象指定发送信息到客户端浏览器时信息缓存的大小。默认值是 8KB，也可以自行指定缓存的大小。

（6）autoFlush="true|false"：指定当缓存填满时，是否输出缓存中的内容并刷新。如果为 true，则自动刷新。如果 autoFlush 的值设定为 false，当缓存填满后，可能会出现严重的错误。默认值为 true。如果 buffer 属性值设为 none，则 autoFlush 值必须设为 true。

（7）isThreadSafe="true|false"：此属性指定 JSP 页面是否支持多线程访问。true 表示可以同时处理多个客户请求，当然在 JSP 页面中需要有处理多线程的同步控制代码。如果设置为 false，JSP 页面在一个时刻就只能响应一个请求。默认值为 true。

（8）info="text"：将一段字符插入到 JSP 文件中，并可以通过 Servlet.getServletInfo() 方法得到。

（9）errorPage="relativeURL"：指定处理异常事件的 JSP 文件的位置。

（10）isErrorPage="true|false"：设置是否显示错误信息。如果为 true，则显示出错信息；否则不显示。默认值为 false。

（11）contentType="mimeType [; charset=characterSet]" | "text/html;charset=ISO-8859-1"：指定 JSP 页面发送到客户端的信息使用的 MIME 类型和字符集。默认的 MIME 类型是 TEXT/HTML，默认的字符集是 ISO-8859-1。

（12）pageEncoding="encodeInfo"：指定 JSP 源文件的编码格式，以便 JSP 编译器能够正确地解码含有中文字符的 JSP 文件。这是 JSP 2.0 规范中新增的特性。

（13）isELIgnored="true|false"：表示是否在此 JSP 页面中忽略 EL 表达式。为 true 时，JSP 容器将忽略 EL 表达式；反之为 false 时，EL 表达式会被执行。关于 EL 表达式，将在项目七中进行介绍。

三、taglib 指令

在 JSP 页面中使用 taglib 指令可以声明自定义的标签，并指定前缀。标签是 JSP 页面中元素的组成部分，是一个短小的标识。自定义的标签涉及 XML 相关的技术，由于不是本书的主要内容，这里不做深入说明，只给出基本的语法说明。

taglib 指令的语法格式如下。

```
<%@ taglib uri="URIToTagLibrary" prefix="tagPrefix" %>
```

taglib 指令也支持以 XML 为基础的语法，如下面语句与上面语句等效。

```
< jsp:directive.taglib uri="URIToTagLibrary" prefix="tagPrefix" />
```

使用 taglib 指令的例子如下。

```
<%@ taglib uri="http://www.jspcentral.com/tags" prefix="public" %>
<public:loop>
…
</public:loop>
```

可以在一个 JSP 页面中同时使用多个 taglib 指令，但每次的前缀要保持唯一。不能使用的自定义标签前缀有 jsp、jspx、java、javax 和 servlet 等。

任务 3　动作元素

| 任务引入 |

在查阅 include 指令元素相关的资料时，小王还看到了动作元素的说法，这两者的功能相同吗？动作元素的功能是什么？JSP 常用的动作元素有哪些，分别能实现什么操作呢？

| 知识准备 |

在 JSP 语法中,用<jsp:xxx>表示动作,用于控制 JSP 引擎的动作。JSP 提供的动作元素有<jsp:include>、<jsp:forward>、<jsp:plugin>、<jsp:params>、<jsp:fallback>、<jsp:useBean>、<jsp:setProperty>、<jsp:getProperty>等,本任务介绍几组常用的动作元素。

一、<jsp:include>动作

同 include 指令一样,<jsp:include>动作实现的功能是将其他文件的内容插入到当前的 JSP 页面中。

<jsp:include>动作的语法格式如下。

< jsp:include page="{relativeURL | <%= expression%>}" flush="true" />

page 属性的参数可以为一个相对路径(relativeURL),也可以是代表相对路径的表达式(<%=expression%>)。flush 属性用来指定缓冲区满时,是否进行清空。如果为 true,则进行清空;如果为 false,则不进行清空。默认值为 false。

有时也可以把<jsp:include>动作拆开,中间插入一个或多个<jsp:param>子句,实现在一个页面中传递一个或多个参数的功能。

其语法格式如下。

<jsp:include page="{relativeURL | <%= expression%>}" flush="true" >
<jsp:param name="parameterName" value="{parameterValue | <%= expression %> }" />
</jsp:include>

<jsp:include>动作允许包含静态文件和动态文件,这两种包含文件的结果是不同的。如果被包含文件仅是静态文件,那么这种包含仅仅是把被包含文件的内容加到 JSP 文件中;而如果被包含文件是动态的,那么这个被包含文件也会被 JSP 编译器执行。如果被包含文件是动态的,还可以用<jsp:param>传递参数名和参数值。另外,与 include 指令不同的是,<jsp:include>动作在 JSP 页面中被用户请求时才将指定文件的内容插入到服务器的响应输出中。这样做增加了系统的灵活性,但同时也会降低服务器处理请求的效率。

例如,下面的语句将 getTime.jsp 文件包含在当前文件中。

< jsp:include page="getTime.jsp">

二、<jsp:forward>动作

<jsp:forward>动作用于重定向一个 HTML 文件或 JSP 文件,也可以重定向一个程序段。客户端看到的地址是 A 页面的地址,而实际内容却是重定向后的页面——B 页面的内容。<jsp:forward>动作以下的代码,不会被执行。

<jsp:forward>动作的语法格式为:

< jsp:forward page={"relativeURL" | "<%= expression %>"} />

或

```
< jsp:forward page={"relativeURL" | "<%= expression %>"} >
<jsp:param name="parameterName" value="{parameterValue | <%= expression %>}" />
</jsp:forward>
```

page 属性的值可以是一个表达式，也可以是一个字符串，用于说明将要定向的文件或 URL。这个文件可以是程序段，也可以是其他能够处理 request 对象的文件。

如果要定向的文件是一个动态文件，可以插入一个或多个<jsp:param>动作传递参数，其中，name 属性指定参数名，value 属性指定参数值。

> 注意：如果使用了非缓冲输出，在使用<jsp:forward>动作时就要小心。因为如果在使用<jsp:forward>动作之前，JSP 文件中已经有了数据，执行文件就会出错。

案例——重定向页面

本案例使用<jsp:forward>动作从页面 A 重定向到页面 B。

（1）启动 Eclipse，创建一个名为 ForwardDemo 的动态 Web 项目，在其中添加一个名为 forwardA.jsp 的 JSP 文件，具体代码如下。

```
<!--forwardA.jsp-->
<%@ page language="java" contentType="text/html; charset=UTF-8"
    pageEncoding="UTF-8"%>
<!DOCTYPE html>
<html>
<head>
<meta charset="UTF-8">
<title>Page A</title>
</head>
<body align="center">
<font color = green>
<h1>Hello, 我是页面 A, 你可能看不到我</h1>
<jsp:forward page="forwardB.jsp"/>
</font>
</body>
</html>
```

上述代码定义了页面的标题和显示内容，然后使用<jsp:forward>动作指定重定向到页面 forwardB.jsp。

（2）在项目中添加一个名为 forwardB.jsp 的 JSP 文件，编写代码如下。

```
<!--forwardB.jsp-->
<%@ page language="java" contentType="text/html; charset=UTF-8"
    pageEncoding="UTF-8"%>
<!DOCTYPE html>
<html>
<head>
```

```
<meta charset="UTF-8">
<title>Page B</title>
</head>
<body align="center">
<font color = green>
<h1>Hello，我是页面 B，终于等到你</h1>
</h1>
</font>
</body>
</html>
```

（3）在服务器上运行页面 forwardA.jsp，在浏览器中可以看到如图 4-6 所示的页面。

图 4-6　页面运行结果

在浏览器的地址栏中可以看到，页面 URL 为 forwardA.jsp 的地址，但页面标题栏和内容显示的却是 forwardB.jsp 的内容。

三、<jsp:plugin>动作

<jsp:plugin>动作用于在浏览器中播放或显示一个对象，前提是浏览器支持 Java 插件。一般来说，<jsp:plugin>动作会指定要显示的对象，同样也会指定.class 文件的名称和位置，另外还会指定将从哪里下载这个 Java 插件。<jsp:plugin>常常与<jsp:params>和<jsp:fallback>组合在一起使用。

使用<jsp:plugin>动作的语法格式如下。

```
<jsp:plugin type="bean | applet" code="classFileName" codebase="classFileDirectoryName"
[ name="instanceName" ]
[ archive="URIToArchive, ..." ]
[ align="bottom | top | middle | left | right" ]
[ height="displayPixels" ]
[ width="displayPixels" ]
[ hspace="leftRightPixels" ]
[ vspace="topBottomPixels" ]
[ jreversion="JREVersionNumber | 1.1" ]
[ nspluginurl="URLToPlugin" ]
[ iepluginurl="URLToPlugin" ]>
[ <jsp:params>
[ <jsp:param name="paramName" value="{parameterValue | <%= expression %>}" /> ] </jsp:params> ]
[ <jsp:fallback> text message for user </jsp:fallback> ]
</jsp:plugin>
```

（1）type 属性：指定将被执行的插件对象的类型，可选值只有 applet 和 bean。由于这个属性没有默认值，使用<jsp:plugin>动作时，必须指定被插入的是 JavaBean 还是 Applet 类型。

（2）code 属性：指定将会被 Java 插件执行的 Java Class 文件的名称，必须以.class 结尾。这个文件必须存在于 codebase 属性指定的目录中。

（3）codebase 属性：指定将被执行的 Java Class 文件的目录（或者路径），默认为使用此<jsp:plugin>动作的 JSP 文件所在的目录。

（4）name 属性：指定 JavaBean 或 Applet 实例的名称。

（5）archive 属性：由一些用逗号分开的路径名组成，这些路径名用于预装一些将要使用的 class，以提高 Applet 的性能。

（6）align 属性：指定对象显示的对齐方式，可以选择的取值有 bottom、top、middle、left 和 right。

（7）height 和 width 属性：指定将要显示的 Applet 或 JavaBean 对象的长、宽的值，值为数字，单位为像素。

（8）hspace 和 vspace 属性：指定 Applet 或 JavaBean 对象显示时在屏幕左右（hspace）、上下（vspace）需留出的空间，值为数字，单位为像素。

（9）jreversion 属性：指定 Applet 或 JavaBean 运行所需的 Java Runtime Environment（JRE）的版本。

（10）nspluginurl 属性：指定使用 Netscape 浏览器的用户能够使用的 JRE 的下载地址，此值为一个标准的 URL。

（11）iepluginurl：指定使用 IE 浏览器的用户能够使用的 JRE 的下载地址，此值为一个标准的 URL。

另外，需要向 Applet 或 JavaBean 传送参数或参数值的时候，可以使用<jsp:params>动作，方法与前面提到过的那些动作相同。<jsp:fallback>动作中可以插入一段文字，当客户端 Java 插件不能启动时显示。

四、<jsp:useBean>动作

<jsp:useBean>动作用于创建一个 JavaBean 的实例，并指定它的名称和作用范围。使用这个动作时，<jsp:useBean>首先会初始化一个 JavaBean 的实例，并将这个实例命名为 id 属性所指定的值，并为其他属性赋值。如果系统之中已经存在名称相同且 scope 属性相同的 JavaBean 实例，则使用该动作不会创建新的实例，而是直接使用已存在的 JavaBean 实例对象。

<jsp:useBean>动作的语法格式如下：

```
< jsp:useBean id=" JavaBean 对象的名称" scope="page | request | session | application"
    class="package.class" type="package.class" />
```

id 属性指定 JavaBean 对象的变量名，在后面的程序中使用此变量名分辨不同的 JavaBean 对象。如果使用一个已经实例化过的 JavaBean 对象，则 id 属性的值必须与原来的 id 值一致。

class 属性指定 JavaBean 类的全名（包括类所在的包的名称）。JavaBean 对象将从这个类中被创建出来，且这个类不能是抽象的，必须有一个公用的（public）、没有参数的构造函数。

scope 属性指定 JavaBean 对象存在的范围及 id 变量名的有效范围，默认值是 page。该属性值的说明可参见本书后面的相关介绍。

type 属性指定 JavaBean 对象的变量类型，可以指定为 JavaBean 类的类名，也可以指定为 JavaBean 类的父类所实现的接口名。

通过<jsp:useBean>动作声明了 JavaBean 实例之后，就可以使用<jsp:setProperty>和<jsp:getProperty>动作读取或设置 JavaBean 的属性。当然，也可以使用 JSP 脚本程序或表达式直接调用 JavaBean 对象的 public 方法实现；也可以在创建 JavaBean 的时候，插入<jsp:getProperty>动作。

五、<jsp:setProperty>动作

<jsp:setProperty>动作用于设置 JavaBean 中的属性值。<jsp:setProperty>动作使用 JavaBean 给定的 setter()方法，在 JavaBean 中设置一个或多个属性值。在使用这个动作之前必须使用<jsp:useBean>动作声明此 JavaBean，JavaBean 实例的名称也应当相匹配，即在<jsp:setProperty>动作中 name 属性的值应与<jsp:useBean>动作中 id 属性的值相同。

使用<jsp:setProperty>动作的语法格式如下。

<jsp:setProperty name="Name" property="propertyName" [value="propertyValue"]/>

name 属性指定这个动作的目标 JavaBean 对象，与在<jsp:useBean>动作中创建的 JavaBean 实例的名称（id）对应。

property 属性指定要设置的 JavaBean 的属性名。当属性名取"*"值时，request 对象中所有与 JavaBean 属性同名的参数值都将传递给相应属性的赋值方法。JavaBean 中的属性的名称必须和 request 对象中的参数名一致。

从客户端传到服务器上的参数值一般是字符串，这些字符串要能够在 JavaBean 中匹配就必须转换成其他的类型，这些工作都是自动完成的。参数类型转换对应的方法如表 4-1 所示。

表 4-1 参数类型转换对应的方法

property 类型	方　　法
boolean or Boolean	java.lang.Boolean.valueOf(String)
byte or Byte	java.lang.Byte.valueOf(String)
char or Character	java.lang.Character.valueOf(String)
double or Double	java.lang.Double.valueOf(String)
integer or Integer	java.lang.Integer.valueOf(String)
float or Float	java.lang.Float.valueOf(String)
long or Long	java.lang.Long.valueOf(String)

也可以指定 request 对象中的一个参数给 JavaBean 中的一个属性赋值，语法格式如下。

property="propertyName" [param="parameterName"]

其中，property 属性指定 JavaBean 的属性名，param 属性指定 request 中的参数名。如果 JavaBean 属性名和 request 参数的名称不同，就必须指定 property 和 param；如果名称相同，则只需要指明 property 就行了。

还可以使用指定的值来设定 JavaBean 属性，语法格式如下。

property="propertyName" value="{string | <%= expression %>}"

这个值（value）可以是字符串，也可以是表达式。如果是字符串，它就会被转换成 JavaBean 属性的类型（见表 4-1）；如果是一个表达式，它的类型就必须和将要设定的属性值的类型一致。

下面是使用<jsp:setProperty>动作的三个例子。

```
<jsp:setProperty name="student" property="*" />
<jsp:setProperty name="student" property="username" />
<jsp:setProperty name="student" property="username" value="yld" />
```

对应使用<jsp:setProperty>动作来设定 JavaBean 属性的三种方法。

（1）通过用户输入的所有值（作为参数储存在 request 对象中）来匹配 JavaBean 中的属性。

（2）通过用户输入的指定值来匹配 JavaBean 中指定的属性。

（3）在运行时使用一个字符串或表达式来匹配 JavaBean 的属性。

六、<jsp:getProperty>动作

<jsp:getProperty>动作用来获得 JavaBean 的属性值，并将其使用或显示在 JSP 页面中。在使用<jsp:getProperty>动作取得 JavaBean 的属性值之前，必须用<jsp:useBean>动作创建 JavaBean 的实例。

<jsp:getProperty>动作的语法格式如下。

< jsp:getProperty name="JavaBean 对象的 id " property="propertyName" />

与<jsp:setProperty>动作类似，name 属性指定 JavaBean 对象的名称，对应<jsp:useBean>动作中指定的 id 属性，property 属性指定要获得的 JavaBean 对象的属性名。

下面是使用<jsp:getProperty>动作的一个例子。

```
<jsp:useBean id="student" scope="session" class="log/student" />
<h1>
<jsp:getProperty name="student" property="username" />
<h1>
```

在使用<jsp:getProperty>动作时，有如下一些限制：

（1）不能使用<jsp:getProperty>动作检索一个已经被索引过的属性。

（2）可以与 JavaBean 组件一起使用，但不能与 Enterprise JavaBean 一起使用。

项目总结

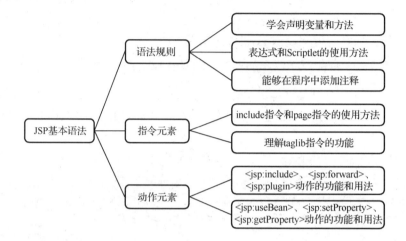

项目实战

实战 1——变色的计数器

下面对本项目任务 1 中的访客计数案例进行扩展，当计数值为 3 的倍数时，显示的字变为红色；当计数值除以 3 余 1 时，显示的字变为绿色；当计数值除以 3 余 2 时，显示的字变为黄色。通过本实战，帮助读者进一步掌握 JSP 的语法规则。

具体代码如下。

```
<!--Counter.jsp-->
<%@ page language="java" contentType="text/html; charset=UTF-8"
    pageEncoding="UTF-8"%>
<!DOCTYPE html>
<html>
<head>
<meta charset="UTF-8">
<title>变色计数器</title>
</head>
<body>
<div align="center">
<%!
    int count=0;
    void accessCount(){count++;}
```

```
%>
<%
    accessCount();
%>
    <br>
<font color = green size=4>
<%
    if(count%3==0){
%>
    您是本站第<font color=red size=6>    <%=count%></font>    位访客。
<%
    }
    else if(count%3==1){
%>
        您是本站第<font color=green size=6>    <%=count%></font>    位访客。
<%
    }
    else if(count%3==2){
%>
        您是本站第<font color=yellow size=6> <%=count%></font>    位访客。
<%
    }
%>
</font></div>
</body>
</html>
```

在服务器上运行，结果如图 4-7 所示。

图 4-7　运行结果

实战 2——计算长方形面积

下面制作一个表单，输入长方形的长和宽，然后计算指定长和宽的长方形的面积。通过本实战，帮助读者进一步掌握在 JSP 页面中添加注释的方法，以及 page 指令的用法。

具体代码如下。

```jsp
<!--Area.jsp-->
<%@ page language="java" contentType="text/html; charset=UTF-8"
    pageEncoding="UTF-8"%>
<!DOCTYPE html>
<html>
<head>
<meta charset="UTF-8">
<title>长方形面积</title>
</head>
<body>
<font color=blue size=4>
<p>请输入长方形的长和宽：</p>
<!-- HTML 表单，向服务器发送长方形的长和宽  -->
<form action="" method=post name="form1">
<p>长度：<input type="text" name="width" /></p>
<p>宽度：
<input type="text" name="height" /></p>
<div>
<input type="submit" value="计算" name=submit />
</div>
</form>

<%--获取用户提交的数据--%>
<%
String w=request.getParameter("width");
String h=request.getParameter("height");
%>
<%--判断字符串是否为空，如果是，则进行初始化--%>
<%
if(w==null)
{
    w="0";
    h="0";
}
%>
<%--捕捉异常，计算面积--%>
<%
try{
double width=Double.valueOf(w).doubleValue();
```

```
double height=Double.valueOf(h).doubleValue();
double area=width*height;
out.print("<br>"+"长方形的面积为："+area);
}
catch(NumberFormatException e)
{
    out.print("<br>"+"请输入数字字符");
}
%>
</font>
</body>
</html>
```

在服务器上运行页面，长方形的初始面积为 0，输入长度和宽度，如图 4-8 所示。单击"计算"按钮，即可显示长方形的面积，如图 4-9 所示。

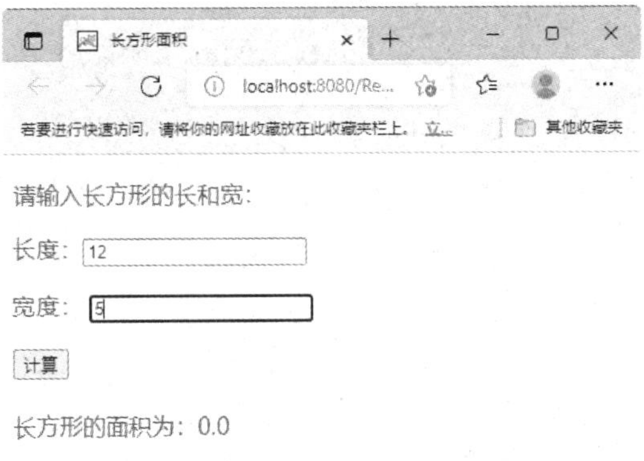

图 4-8　输入长度和宽度 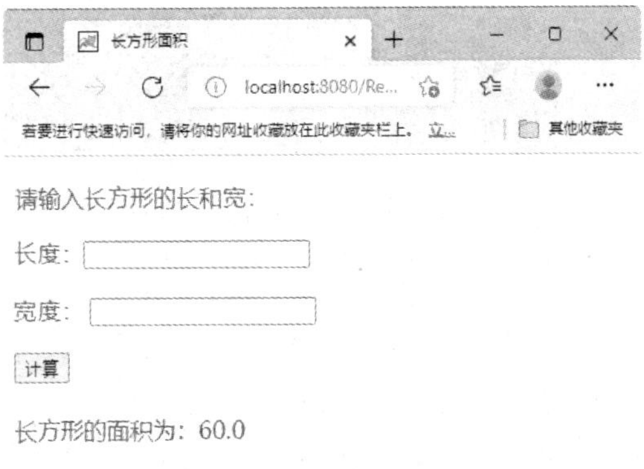　　　　　图 4-9　显示长方形面积

实战 3——输出随机数

下面在一个页面 randomnum.jsp 中生成一个 0～100 的随机数，然后传递到另一个页面 shownum.jsp 中显示。通过本实战，帮助读者加深对动作的理解，巩固使用动作的操作方法。

生成随机数的页面 randomnum.jsp 的代码如下。

```
<!-- randomnum.jsp -->
<%@ page language="java" contentType="text/html; charset=UTF-8"
    pageEncoding="UTF-8"%>
<!DOCTYPE html>
<html>
<head>
<meta charset="UTF-8">
<title>传递随机数</title>
</head>
<body>
```

```
<font color=blue size=4>
<!-- 生成随机数 -->
<%
double num = Math.random()*100;
%>
<!-- 重定向页面，并传递参数-->
<jsp:forward page="shownum.jsp">
<jsp:param name="n" value="<%=num%>" />
</jsp:forward>
</font>
</body>
</html>
```

显示随机数的页面 shownum.jsp 的代码如下。

```
<!-- shownum.jsp -->
<%@ page language="java" contentType="text/html; charset=UTF-8"
    pageEncoding="UTF-8"%>
<!DOCTYPE html>
<html>
<head>
<meta charset="UTF-8">
<title>显示随机数</title>
</head>
<body>
<%
String str =request.getParameter("n");
if(str==null)
      str="0";
double n=Double.valueOf(str).doubleValue();
%>
生成并传递的数值是：
<font color=red size=6><%=n%></font>
</body>
</html>
```

在服务器上运行 randomnum.jsp，页面效果如图 4-10 所示。

图 4-10　页面效果

项目五

JSP 内置对象

思政目标

➤ 培养学生的自主探索能力。
➤ 明确目标与优势，探索未来的发展方向。

技能目标

➤ 能够熟知 JSP 常用内置对象的功能与使用方法。
➤ 能够使用内置对象完成一些常用的操作。

项目导读

动态网站开发中很重要的一个问题是网页之间的信息传递和状态维护，JSP 提供了一些内置对象，用于完成一些常用操作，如维持会话状态、控制服务器和客户端通信方法、向客户端输出数据等。这些对象不需要声明就可以使用。掌握这些内置对象的使用方法，可以极大地提高编程效率。本项目将介绍 JSP 中的几种常用内置对象。

任务 常用内置对象

| 任务引入 |

小王想通过 HTML 表单来采集并输出用户信息,在 JSP 中该怎样保存与网页关联的信息呢?小王去请教相关的老师,老师告诉他,为简化页面的开发过程,JSP 提供了一些内置对象,将一些功能或者代码封装成了一个模块,不需要预先声明就可以直接调用,实现向客户端发送数据、接收客户端通过 HTTP 协议传输到服务器的数据、保存用户信息、维持会话状态、管理网页属性、向客户端浏览器输出数据、处理 JSP 文件执行时发生的错误和异常等功能。

| 知识准备 |

JSP 内置对象由容器实现和管理,在所有的 JSP 页面中,这些内置对象不需要实例化就可以使用。下面介绍几种常用的内置对象。

一、request 对象

HTTP 是一种规定了客户端与服务器之间的请求(request)与响应(response)规范的通信协议。在 JSP 中,内置对象 request 封装了用户请求的信息,利用该对象调用相应的方法可以获取用户请求的信息。当客户端请求一个 JSP 页面时,JSP 引擎将客户端的请求信息封装在 request 对象中,请求信息的内容包括请求的头(Header)、信息体(如浏览器的版本名称、语言和编码方式等)、请求方式(get、post 和 put,即表单的 method 属性值)、请求的参数名称、参数值和客户端的主机名称等。

request 对象提供如表 5-1 所示的方法来获取客户端请求的信息。

表 5-1 request 对象提供的方法

方 法	说 明
getProtocol()	获取客户端向服务器请求信息所使用的通信协议,如 HTTP 1.1
getServletPath()	获取客户端请求的 JSP 页面文件的目录
getContextLength()	获取客户端请求的整个信息的长度
getMethod()	获取客户端请求信息的方式,如 post 或 get
getHeader(String s)	获取 HTTP 头文件中由参数 s 指定的头名字的值
getHeaderName()	获取头名字的一个枚举
getHeaders(String s)	获取头文件中指定头名字的全部值的一个枚举
getRemoteAddr()	获取客户端主机的 IP 地址

续表

方法	说明
getRemoteHost()	获取客户端主机的名称（如果获取不到，就获取其 IP 地址）
getServerName()	获取服务器的名称
getServerPort()	获取服务器的端口号
getParameterNames()	获取客户端请求的信息体中 name 参数值的一个枚举
getParameter (name)	获取参数名称为 name 的参数值
getParameterValues(name)	获取参数名称为 name 的多个参数值
setCharacterEncoding(encoding)	设定参数编码格式，用来解决窗体传递中文的问题

案例——显示提交的信息

本案例通过调用 request 对象的多种方法，在客户端显示用户请求信息使用的通信协议、页面、方法、端口和文本内容等信息。

（1）启动 Eclipse，创建一个名为 RequestDemo 的动态 Web 项目，在其中添加一个名为 form.jsp 的 JSP 文件。创建一个表单，在其中添加一个文本框和一个"提交"按钮，具体代码如下。

```jsp
<!-- form.jsp -->
<%@ page language="java" contentType="text/html; charset=UTF-8"
    pageEncoding="UTF-8"%>
<!DOCTYPE html>
<html>
<head>
<meta charset="UTF-8">
<title>Set Form</title>
</head>
<body>
<form name="form" method="post" action="request.jsp">
<font color=blue size=4>请输入信息：
    <input type="text" name="text">
    <input type="submit" name="submit" value="提交">
</font>
</form>
</body>
</html>
```

（2）在项目中添加一个名为 request.jsp 的 JSP 文件，调用 request 对象的多种方法，在浏览器端显示提交的文本内容等相关信息，具体代码如下。

```jsp
<!-- request.jsp -->
<%@ page import="java.util.*"%>
<%@ page language="java" contentType="text/html; charset=UTF-8"
    pageEncoding="UTF-8"%>
```

```
<% request.setCharacterEncoding("UTF-8"); %>
<!DOCTYPE html>
<html>
<head>
<meta charset="UTF-8">
<title>显示信息</title>
</head>
<body>
<br>客户使用的协议：
<%
    String protocol=request.getProtocol();
    out.println(protocol);
%>
<br>获取接受客户提交信息的页面：
<%
    String path=request.getServletPath();
    out.println(path);
%>
<br>客户提交信息的长度：
<%
    int length=request.getContentLength();
    out.println(length);
%>
<br>客户提交信息的方法：
<%
    String method=request.getMethod();
    out.println(method);
%>
<br>获取 HTTP 头文件中 User-Agent 的值：
<%
    String header1=request.getHeader("User-Agent");
    out.println(header1);
%>
<br>获取 HTTP 头文件中 accept 的值：
<%
    String header2=request.getHeader("accept");
    out.println(header2);
%>
<br>获取 HTTP 头文件中 Host 的值：
<%
    String header3=request.getHeader("Host");
    out.println(header3);
%>
<br>获取 HTTP 头文件中 accept-encoding 的值：
<%
    String header4=request.getHeader("accept-encoding");
    out.println(header4);
```

```
%>
<br>获取客户的IP地址：
<%
    String IP=request.getRemoteAddr();
    out.println(IP);
%>
<br>获取客户机的名称：
<%
    String clientName=request.getRemoteHost();
    out.println(clientName);
%>
<br>获取服务器的名称：
<%
    String serverName=request.getServerName();
    out.println(serverName);
%>
<br>获取服务器的端口号：
<%
    int serverPort=request.getServerPort();
    out.println(serverPort);
%>
<br>获取客户端提交的所有参数的名字：
<%
    Enumeration enum_para=request.getParameterNames();
    while(enum_para.hasMoreElements()){
        String s=(String)enum_para.nextElement();
        out.println(s);
    }
%>
<br>获取头名字的一个枚举：
<%
    Enumeration enum_head=request.getHeaderNames();
    while(enum_head.hasMoreElements()){
        String s=(String)enum_head.nextElement();
        out.println(s);
    }
%>
<br>获取头文件中指定头名字的全部值的一个枚举：
<%
    Enumeration enum_head_value=request.getHeaders("cookie");
    while(enum_head_value.hasMoreElements()){
        String s=(String)enum_head_value.nextElement();
        out.println(s);
    }
%>
<br>文本框提交的信息：
<%
```

```
            String str=request.getParameter("text");
        %>
<%=str%>
</body>
</html>
```

（3）在服务器上运行 form.jsp，打开 HTML 表单，在文本框中输入要提交的文本内容，如图 5-1 所示。

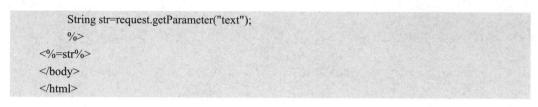

图 5-1　输入要提交的文本内容

（4）单击"提交"按钮，即可将文本内容提交到 request.jsp 页面中进行处理，并显示相应的信息，运行结果如图 5-2 所示。

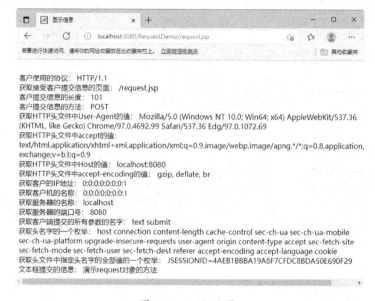

图 5-2　运行结果

二、response 对象

与 request 对象对应的是 response 对象，利用 response 对象可以在运行时动态地对客户端请求做出响应。该对象提供了如下几种常用方法。

1. 设置响应报头

当客户端访问某个页面时，会提交一个 HTTP 报头给服务器，包括请求行、HTTP

头和信息体，例如：

> ResponseDemo/response.jsp/HTTP.1.1
> host:127.0.0.1:8080
> accept-encoding:gzip,deflate

服务器做出的响应也包括一些报头，response 对象提供了如表 5-2 所示的一些方法，可以动态地设置响应报头。

表 5-2　动态设置响应报头的方法

方法	功能
void addHeader(String name, String value)	使用给定的名称和值添加一个响应报头
void setHeader(String name, String value)	使用给定的名称和值设置一个响应报头，如果已经设置了报头，则新值将覆盖以前的值
void addDateHeader(String name, long date)	使用给定的名称和日期添加一个响应报头
void setDateHeader(String name, long date)	使用给定的名称和日期设置一个响应报头，如果已经设置了报头，则新值将覆盖以前的值
void addIntHeader(String name, int value)	使用给定的名称和整数值添加一个响应报头
void setIntHeader(String name, int value)	使用给定的名称和整数值设置一个响应报头。如果已经设置了报头，则新值将覆盖以前的值
boolean containsHeader(String name)	返回一个表示是否设置了已命名的响应报头的布尔值
void setContentType(String type)	为响应设置内容类型报头的方法
void setControlLength(int length)	为响应设置内容长度报头的方法
void setLocale(java.util.Locale locale)	为响应设置语言报头的方法
void setStatus(int n)	为响应设置状态行

2．重定向

response 对象提供了重定向方法 sendRedirect()，可以动态地将客户端重定向到一个不同的 Web 资源中。

例如，下面这行代码指定了到达这个 JSP 页面的任何请求都会重定向到相对 URL：NewLocation.jsp。

> `<% response.sendRedirect("NewLocation.jsp"); %>`

response 对象也提供了 sendError()方法，以指明一个错误状态。该方法的参数为一个错误码和一条可选的出错信息，该信息将在内容主体中返回给客户端。

例如，下面这行代码将客户端重定向到一个在内容主体中包含了出错信息的页面。

> `<% response.sendError(500 "Fatal internal error occurred! "); %>`

3．输出缓冲

缓冲可以有效地在服务器和客户端之间传输内容。response 对象为支持 JSP 结果输出到客户端提供了缓冲区配置，如表 5-3 所示。

表 5-3 管理响应缓冲的方法

方　　法	功　　能
int getBufferSize()	返回响应所使用的实际缓冲区大小，如果没有使用缓冲区，返回 0
void setBufferSize(int size)	为响应的主体设置首选的缓冲区大小
boolean isCommitted()	返回一个布尔值，表示响应是否已经提交；提交的响应已经写入了状态码和报头
void reset()	清除缓冲区中存在的任何数据，同时清除状态码和报头
void flushBuffer()	强制将缓冲区中的内容写入客户端

使用容器时，缓冲区容量至少要等于请求的容量，如果要设置缓冲区容量，则必须在向响应中写入内容之前，否则 JSP 容器会抛出一个 IllegalStateException 异常。使用 isCommitted()方法可以确定缓冲区的内容是否已写入，返回值为布尔型。

案例——动态改变 contentType 属性

本案例通过调用 response 对象的 setContentType()方法，动态改变页面的 contentType 属性，即动态设置响应的 MIME 类型。

（1）在 Eclipse 中新建一个名为 ResponseDemo 的动态 Web 项目，添加一个名为 contentType.jsp 的 JSP 文件，编写代码，具体如下。

```jsp
<!-- contentType.jsp -->
<%@page import="java.util.*"%>
<%@ page language="java" contentType="text/html; charset=UTF-8"
    pageEncoding="UTF-8"%>
<!DOCTYPE html>
<html>
<head>
<meta charset="UTF-8">
<%!
    public String codeString(String s){
        String str=s;
        try{
            return new String (str.getBytes("ISO-8859-1"));
        }catch(Exception e){
            return "error";
        }
    }
%>
<title>动态改变 contentType 属性</title>
</head>
<body>
    <br><font color=blue size=4>
    Welcome to JSP world!
    </font><br>
    <form action="contentType.jsp" method="post" name="form">
```

```
            <input type="submit" value="存为 word 文档" name="submit">
        </form>
        <%
            String str=request.getParameter("submit");
            str=codeString(str);
            if(str==null){
                str="";
            }
            if(str.equals("存为 word 文档")){
                response.setContentType("application/msword;charset=UTF-8");
            }
        %>
    </body>
</html>
```

如果使用 page 指令将 contentType 属性值设为"text/html",则 JSP 引擎将页面的静态部分返回给客户端。但是 page 指令只能静态地指定页面的 MIME 类型,如果要动态地改变这个属性的值以响应客户端,就需要使用 response 对象的 setContentType()方法来实现。setContentType()方法的参数可以是"text/html""text/plain""application/x-msexcel""application/msword"。

> 提示:使用 setContentType()方法改变 contentType 属性的值,并将 JSP 页面的输出结果按照新的 MIME 类型返回给用户时,客户端要保证支持这种 MIME 类型。因此,不能确定网站用户时,不建议指定"text/html"以外的属性值。

(2)在服务器上运行页面,浏览器中显示如图 5-3 所示的效果。

图 5-3 页面效果

(3)单击"存为 word 文档"按钮,下载当前页面,如图 5-4 所示。

图 5-4 下载当前页面

(4)单击"打开文件",选择使用 Word 软件打开文件,即可看到保存为 Word 文档的页面,如图 5-5 所示。

图 5-5　保存为 Word 文档的页面

案例——输出缓冲示例

本案例通过调用 response 对象的 getBufferSize()方法获取缓冲区的大小，调用 isCommitted()方法判断缓冲区的内容是否已写入，然后调用 flushBuffer()方法将缓冲区中的数据写入客户端。

（1）在 Eclipse 中新建一个名为 outBuffer 的动态 Web 项目，添加一个名为 outbuffer.jsp 的 JSP 文件，编写代码，具体如下。

```
<!-- outbuffer.jsp -->
<%@ page language="java" contentType="text/html; charset=UTF-8"
    pageEncoding="UTF-8"%>
<!DOCTYPE html>
<html>
<head>
<meta charset="UTF-8">
<title>输出缓冲示例</title>
</head>
<body>
<font color=blue size=4>
    缓冲区大小是<%=response.getBufferSize()%>
    <br>
    缓冲区内容是否提交？<%=response.isCommitted()%>
    <br><br>
    刷新缓冲区且当前内容发送给客户..........
    <%response.flushBuffer();%>
    完成。
    <br>
    <br>
    缓冲区内容是否提交？<%=response.isCommitted()%>
</font>
</body>
</html>
```

（2）在服务器上运行页面，即可打开浏览器显示运行结果，如图 5-6 所示。

图 5-6　运行结果

三、application 对象

服务器每次启动，都会自动产生一个 application 对象。当一个客户端访问服务器上的一个 JSP 页面时，JSP 引擎把这个 application 对象分配给此客户端，当不同的客户端在所访问的网站的各个页面之间浏览时，JSP 引擎为每个客户端启动一个线程，这些线程共享这个 application 对象，直到服务器关闭，此 application 对象才被取消。

application 对象提供了一些存取有关 Servlet class 环境信息的方法，如表 5-4 所示。

表 5-4　存取有关 Servlet class 环境信息的方法

	方　　法	方 法 功 能
访问应用程序初始化参数	String getInitParameter(String name)	返回一个已命名的初始化参数的值
	java.util.Enumeration getInitParameterNames()	返回所有已定义的应用程序初始化参数的枚举
管理应用程序环境属性	Object getAttribute(String name)	从 ServletContext 返回一个已命名属性
	void setAttribute(String name,Object object)	将一个已命名属性设置到 ServletContext 中
	java.util.Enumeration getAttributeNames()	返回一个存储在 ServletContext 中的所有属性的枚举
	void removeAttribute(String name)	从 ServletContext 中删除一个已命名属性
管理资源	java.net.URL getResource(String path)	为获得应用程序资源而提供一个抽象层
	java.io.InputStream getResourceAsStream(String path)	打开一个用来读取 Web 资源的 InputStream
RequestDispatcher 方法	javax.servlet.RequestDispatcher getNameDispatcher(String name)	返回一个通过给定名称标识的 RequestDispatcher
	javax.servlet.requestDispatcher getRequestDispatcher(String path)	返回一个通过 ServletContext 的作用域内的给定路径标识的 RequestDispatcher
其他方法	void log(String message)	将一个消息记录到服务器日志文件中
	void log(String message,Throwable throwable)	将一个消息和栈跟踪记录到服务器日志文件中
	String getMimeType(String file)	返回指定的 MIME
	String getRealPath(String virtualPath)	返回给定虚拟路径的真实系统路径

续表

方　法		方　法　功　能
其他方法	String getServerInfo()	返回关于服务器的信息，至少包括容器名称和版本号
	int getMajorVersion()	返回 Java 服务器小程序容器的主版本
	int getMinerVersion()	返回 Java 服务器小程序容器的次版本

application 对象的几个常用方法是 getAttribute()、setAtttibute()、getAttributeNames() 和 removeAttribute()。

（1）Object getAttribute(String name)：调用该方法可以获取 application 对象中关键字是 name 的对象。由于任何对象都可以添加到 application 对象中，因此调用此方法取回对象时需要强制转化为原来的类型。

（2）void setAttribute(String name,Object object)：调用该方法可以将参数 Object 指定的对象 object 添加到 application 对象中，并为添加的对象指定索引关键字 name，如果添加的两个对象的关键字相同，则先前添加的对象被清除。

（3）java.util.Enumeration getAttributeNames()：调用该方法可以得到 application 对象中所有 Object 对象的枚举，使用 nextElements()方法可以遍历 application 对象中所含有的全部对象。

（4）void removeAttribute(String name)：调用该方法可以删除 application 对象中关键字是 name 的对象。

案例——一个简单的聊天室

本案例利用 application 对象创建一个简单的聊天室，帮助读者进一步熟悉并掌握 application 对象的使用方法。

（1）在 Eclipse 中新建一个名为 ChatRoom 的动态 Web 项目，添加一个名为 chat.html 的 HTML 文件，编写代码实现聊天室，具体如下。

```
<!-- chat.html -->
<!DOCTYPE html>
<html>
<head>
<meta charset="UTF-8">
<title>Simple Chat room</title>
</head>
    <frameset rows="*,80" frameborder="no" border="0" framespacing="0">
        <frame name="chat_frame" src="application.jsp" scrolling="yes">
        <frame name="input_frame" src="chat_form.html" scrolling="no" noresize>
    </frameset>
<body>
</body>
</html>
```

代码利用框架创建上下结构的聊天室，上部分利用 application 对象实现聊天室功能，下部分高度为 80，为聊天室的功能区。

（2）在项目中添加一个名为 chat_form.html 的 HTML 文件，编写聊天室的功能页面，具体代码如下。

```html
<!-- chat_form.html -->
<!DOCTYPE html>
<html>
<head>
<meta charset="UTF-8">
<title>Chat Input</title>
</head>
<body leftmargin="0" topmargin="0">
    <form method="post" action="application.jsp" target="chat_frame">
    用户名<input type="text" name="userName" size="10" maxlength="10">
    内容<input type="text" name="message" size="60" maxlength="60">
    <input type="submit" name="submit" value="发言">
    </form>
</body>
</html>
```

该页面利用表单收集用户提交的"用户名"和"内容"文本框中的内容。

（3）在项目中添加一个名为 application.jsp 的 JSP 文件，实现聊天室功能，具体代码如下。

```jsp
<!-- application.jsp -->
<%@ page import="java.util.*"%>
<%@ page language="java" contentType="text/html; charset=UTF-8"
    pageEncoding="UTF-8"%>
<!DOCTYPE html>
<html>
<head>
<meta charset="UTF-8">
<%!
    public String codeString(String s){
        String str=s;
            try{
            byte b[]=str.getBytes("ISO-8859-1");
            str=new String (b);
            return str;
        }catch(Exception e){
        return "error";
        }
    }
%>
<!--%response.setHeader("Refresh","1");%-->
<font color=green>
```

```jsp
<%
    Vector messages;
    messages=(Vector)application.getAttribute("messages");
    if(messages==null){
        messages=new Vector();
        application.setAttribute("messages",messages);
    }
    else{
        String userName=request.getParameter("userName");
        String message=request.getParameter("message");
        if(!(userName==null)){
            userName=codeString(userName);
            message=codeString(message);
            message=userName+"说道:\0"+message;
            messages.add(message);
        }
        Object[] messagesnew=messages.toArray();
        int messagesnum=messagesnew.length;
        int i;
        for(i=0;i<messagesnum;i++){
            out.println((String)messagesnew[i]);
            out.println("<br>");
        }
    }
%>
</font>
<title>applicaiton</title>
</head>
<body>
</body>
</html>
```

聊天室接收有用户名的发言，服务器接收到一条表单信息（用户名和发言内容）就存入一个 Vector 中，而这个 Vector 是 application 对象之中的 Object 对象。信息的输出不涉及信息处理的过程，只是把存放在 Vector 对象中的聊天信息反向输入到用户的浏览器中。

（4）在服务器上运行 chat.html，即可打开浏览器显示聊天室页面，如图 5-7 所示。

图 5-7　聊天室页面

（5）在"用户名"文本框中输入用户名，在"内容"文本框中输入聊天内容，单击"发言"按钮，即可将用户及其发言内容显示在聊天区中，效果如图5-8所示。

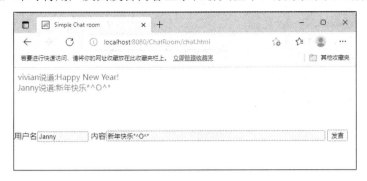

图5-8 简单的聊天室效果

四、session 对象

在 HTTP 协议中，客户端向服务器发出请求，服务器返回响应，连接随之关闭，在服务器端不保留连接的有关信息。因此下一次连接时，服务器无法判断这一次的连接请求和之前的连接请求是否来自同一个客户端，因此必须使用会话记录有关连接的信息。

会话状态维持是 Web 应用开发者必须面对的问题。有多种方法可以解决这个问题，如使用 Cookies、隐藏的表单输入域，或直接将状态信息附加到 URL 中。JSP 和 Servlet 提供了一个在多个请求之间持续有效的会话对象 session，该对象允许用户存储和提取会话状态信息。

session 对象在第一个 JSP 页面被装载时自动创建，并被关联到 request 对象上。当一个客户端第一次访问服务器上的一个 JSP 页面时，JSP 引擎生成一个 session 对象，并为这个 session 对象分配一个 String 类型的 Id 号。JSP 引擎将这个 Id 号发送到客户端并保存在客户端的 Cookies 中。每个客户端都会对应一个 session 对象，即对应一个唯一的 session 的 Id 号，这之后客户端向服务器发出任何其他的请求，都不会再被分配 session，而是使用先前分配的对象，直到客户端关闭浏览器，服务器端分配给客户端的 session 对象才被取消，即客户端和服务器端的会话结束。当然，如果客户端禁止了 Cookies，那么客户端每次访问都会得到一个新建的 session 对象。

常用的 session 对象方法如表 5-5 所示。

表5-5 常用的 session 对象方法

方　　法	方　法　功　能
long getCreationTime()	返回 session 对象的创建时间，具体的值为从 1970 年 1 月 1 日开始到 session 对象创建时所经历的时间的毫秒值
string getId()	返回一个唯一地标识这个 session 对象的字符串（Id 号）
long getLastAccessedTime()	返回 session 对象的最后一次存取发生的时间，具体的值为从 1970 年 1 月 1 日开始到最后一次存取所经历的时间的毫秒值

续表

方　　法	方　法　功　能
void setMaxInactiveInterval(int interval)	设定客户端的最后一次请求发生多久后此客户端的 session 对象失效，单位为秒
int getMaxInactiveInternal()	返回客户端的最后一次请求发生至此客户端的 session 对象自动失效的时间，单位为秒
object getAttribute(String name)	返回存储在 session 对象中关键字为 name 的对象
java.util.Enumeration getAttributeNames()	返回存储在 session 对象中的所有 Object 对象的名称并存储在一个 Enumeration 对象中
void setAttribute(String name,Object object)	将一个关键字为 name 的对象存储在 session 对象中
void removeAttribute(String name)	将一个关键字为 name 的对象从 session 对象中移出
void invalidate()	使当前 session 对象无效，且清空 session 对象中的全部信息
boolean isNew()	返回一个值指示当前 session 对象是否为新建的

对 session 对象进行操作时，如果 session 对象不存在，则一般会抛出一个 java.lang.IllegalStateException 异常。

案例——购物车

本案例利用 session 对象实现购物车功能。一般来说，购物车可以实现存储用户在网上商店中选购的商品信息、添加商品信息、删除商品信息等基本功能。这里使用散列表（HashMap）来存储用户选购的商品及对应的数量，且以商品名作为关键字，以数量作为值。这个散列表存于用户的 session 对象中。要实现添加商品信息、删除商品信息等功能，只要把这个表从 session 对象中取出来，修改对应关键字的值，再放回 session 对象中即可。

（1）在 Eclipse 中新建一个名为 Cart 的动态 Web 项目，添加一个名为 cart.jsp 的 JSP 文件，编写代码实现购物车功能，具体如下。

```jsp
<!-- cart.jsp -->
<%@ page import="java.util.*"%>
<%@ page language="java" contentType="text/html; charset=UTF-8"
    pageEncoding="UTF-8"%>
<%!
    //文字编码转换，以正确显示中文
    public String codeString(String s){
        String str=s;
        try{
            byte b[]=str.getBytes("ISO-8859-1");
            str=new String (b);
            return str;
        }catch(Exception e){
            return "error";
        }
    }
```

```
        }
%>
<!DOCTYPE html>
<html>
<head>
<meta charset="UTF-8">
<title>购物车</title>
</head>
<body bgcolor="#C0C0C0">
<div align="center">
<table width="800" >
    <tr>
        <td height="30" valign="middle" width="800" align="center" bgcolor="#808080">
欢迎来到购物车测试页面!
</td>
    </tr>
    <!--打印商品信息-->
    <tr>
        <td><table border="1" width="800" height="30">
        <td width="300" valign="middle" align="center">书名</td>
        <td width="200" valign="middle" align="center">价格</td>
        <td width="150" valign="middle" align="center">数量</td>
        <td width="150" valign="middle" align="center">购入</td>
        </table></td>
    </tr>
    <!--商品：天龙八部-->
    <tr>
        <td><table  border="1" width="800" height="30">
        <form action="cart.jsp" method="post" name="form1">
        <td width="300" valign="middle" align="center">天龙八部</td>
        <td width="200" valign="middle" align="center">30.00</td>
        <td width="150" valign="middle" align="center">
            <input type=text maxlength=2 name="text" size="4"></td>
        <td width="150" valign="middle" align="center">
            <input type=submit name="submit" value="购入"></td>
        <input type=hidden name="hidden" value="天龙八部">
        </form>
        </table></td>
    </tr>
    <!--商品：射雕英雄传-->
<tr>
        <td><table  border="1" width="800" height="30">
        <form action="cart.jsp" method="post" name="form3">
        <td width="300" valign="middle" align="center">射雕英雄传</td>
        <td width="200" valign="middle" align="center">30.00</td>
        <td width="150" valign="middle" align="center">
```

```html
                <input type=text maxlength=2 name="text" size="4"></td>
            <td width="150" valign="middle" align="center">
                <input type=submit name="submit" value="购入"></td>
            <input type=hidden name="hidden" value="射雕英雄传">
            </form>
            </table></td>
    </tr>
    <!--商品：雪山飞狐-->
    <tr>
        <td><table  border="1" width="800" height="30">
            <form action="cart.jsp" method="post" name="form4">
            <td width="300" valign="middle" align="center">雪山飞狐</td>
            <td width="200" valign="middle" align="center">20.00</td>
            <td width="150" valign="middle" align="center">
                <input type=text maxlength=2 name="text" size="4"></td>
            <td width="150" valign="middle" align="center">
                <input type=submit name="submit" value="购入"></td>
            <input type=hidden name="hidden" value="雪山飞狐">
            </form>
            </table></td>
    </tr>
    <!--商品：神雕侠侣-->
    <tr>
        <td><table  border="1" width="800" height="30">
            <form action="cart.jsp" method="post" name="form2">
            <td width="300" valign="middle" align="center">神雕侠侣</td>
            <td width="200" valign="middle" align="center">30.00</td>
            <td width="150" valign="middle" align="center">
                <input type=text maxlength=2 name="text" size="4"></td>
            <td width="150" valign="middle" align="center">
                <input type=submit name="submit" value="购入"></td>
            <input type=hidden name="hidden" value="神雕侠侣">
            </form>
            </table></td>
    </tr>
    <!--显示购物车-->
    <tr>
        <td height="30" valign="middle" width="800" align="center" bgcolor="#808080">
            您的购物车</td>
    </tr>
<%
    //处理用户请求
    HashMap cart;
    if(session.isNew()){
        //第一次访问网站进行初始化
        cart=new HashMap();
        session.setAttribute("myCart",cart);
```

```java
        }
    else{
        if(session.getAttribute("myCart")==null){
            cart=new HashMap();
            session.setAttribute("myCart",cart);
        }
        else{
            cart=(HashMap)session.getAttribute("myCart");
            String itemName,strItemNumber,submit;
            int itemNumber=1,oldNumber=0;
            submit=request.getParameter("submit");
            if(submit==null)submit="";
            submit=codeString(submit);
            if(submit.equals("购入")||submit.equals("")){//处理购入请求
                itemName=request.getParameter("hidden");
                strItemNumber=request.getParameter("text");
                if(!(itemName==null)){
                    itemName=codeString(itemName);
                    //对数量的处理
                    try{
                        itemNumber=(Integer.valueOf(strItemNumber)).intValue();
                        Integer temp=(Integer)(cart.get(itemName));
                        oldNumber=temp.intValue();
                    }catch(NumberFormatException e){
                        itemNumber=1;
                    }catch(NullPointerException e){
                        oldNumber=0;
                    }
                    cart.put(itemName,new Integer(itemNumber+oldNumber));
                }
            }else if(submit.equals("删除")){
                //处理删除请求
                itemName=request.getParameter("hidden");
                if(!(itemName==null)){
                    itemName=codeString(itemName);
                    cart.remove(itemName);
                }
                cart.remove(itemName);
            }else if(submit.equals("重置")){
                //处理重置请求
                itemName=request.getParameter("hidden");
                strItemNumber=request.getParameter("text");
                if(!(itemName==null)){
                    itemName=codeString(itemName);
                    try{
                        itemNumber=(Integer.valueOf(strItemNumber)).intValue();
                    }catch(NumberFormatException e){
```

```jsp
                    itemNumber=1;
                }
                cart.put(itemName,new Integer(itemNumber));
            }
        }else{
        }
    }
    session.setAttribute("myCart",cart);
%>
<!--打印选购商品信息-->
<tr>
<td><table border="1" width="800" height="30" bgcolor="#808080">
<td width="300" valign="middle" align="center">书名</td>
<td width="200" valign="middle" align="center">删除</td>
<td width="150" valign="middle" align="center">数量</td>
<td width="150" valign="middle" align="center">重置</td>
</table></td>
</tr>
<%
    Set cartKeySet=cart.keySet();
    Iterator cartKeyIterator=cartKeySet.iterator();
    while(cartKeyIterator.hasNext()){
        String itemName;
        int itemNumber=1;
        itemName=(String)(cartKeyIterator.next());
        if(!(itemName==null)){
            Integer temp=(Integer)(cart.get(itemName));
            itemNumber=temp.intValue();
%>
            <tr>
            <td><table border="1" width="800" height="30">
            <form action="cart.jsp" method="post" name="form<%=itemName%>">
            <td width="300" valign="middle" align="center"><%=itemName%></td>
            <td width="200" valign="middle" align="center">
                <input type=submit name="submit" value="删除"></td>
            <td width="150" valign="middle" align="center">
                <input type=text maxlength=2 name="text" size="4"
                    value="<%=itemNumber%>"></td>
            <td width="150" valign="middle" align="center">
                <input type=submit name="submit" value="重置"></td>
            <input type=hidden name="hidden" value="<%=itemName%>">
            </form>
            </table></td>
            </tr>
            <%
        }
    }
```

```
        }
%>
</table>
</div>
</body>
</html>
```

（2）在服务器上运行，即可打开浏览器显示购物车页面，如图5-9所示。

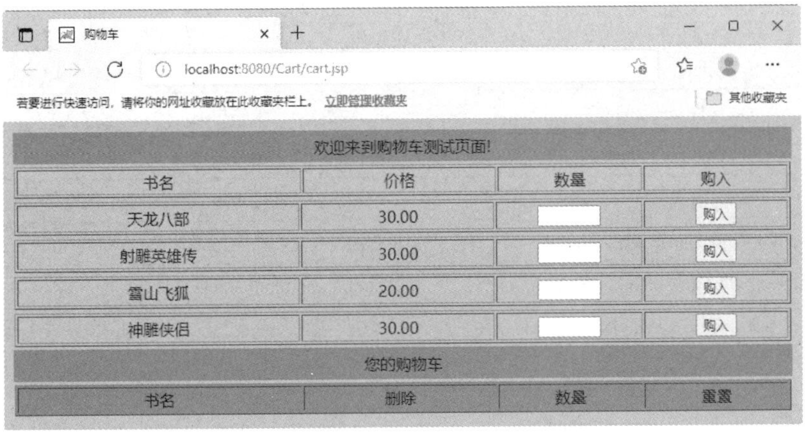

图5-9　购物车页面

（3）输入要添加到购物车中的商品数量，然后单击"购入"按钮，即可将指定商品添加到购物车中，如图5-10所示。

（4）在购物车中单击"删除"按钮，即可删除对应的商品。

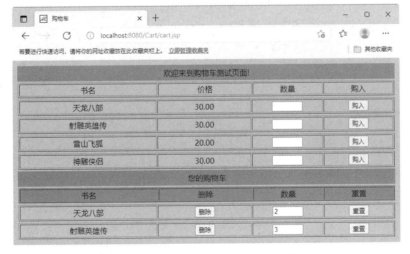

图5-10　将指定商品添加到购物车中

五、pageContext 对象

与上下文有关的 JSP 内置对象，除了 application 和 session，还有 pageContext。

application 对象保存服务器端的上下文，session 对象保存一个用户会话的上下文，pageContext 对象则保存的是一个页面的上下文。与 application 对象和 session 对象一样，pageContext 对象也提供了获取上下文的方法，如 getAttribute()，setAttribute()，remoteAttribute()等，除此以外，pageContext 对象还能够存取其他隐含对象，其方法如表 5-6 所示。

表 5-6　pageContext 对象存取其他隐含对象的方法

方　　法	方　法　功　能
Exception getException ()	返回当前页面的异常，不过此页面需为出错的页面
JspWriter getOut()	返回当前页面的输出流，即 out 对象
Object getPage()	返回当前网页的 Servlet 实例，即 page 对象
ServletRequest getRequest()	返回当前页面的请求，即 request 对象
ServletResponse getResponse()	返回当前页面的响应，即 response 对象
ServletConfig getServletConfig()	返回当前页面的 ServletConfig 对象，即 config 对象
ServletContext getServletContext()	返回当前页面的执行环境，即 application 对象
HttpSession getSession()	返回和当前页面有联系的会话，即 session 对象

当隐含对象本身也支持属性时，pageContext 对象提供存取那些属性的方法。不过在使用下列方法时，需要提供执行范围的参数。

```
Object getAttribute(String name, int scope)
Enumeration getAttributeNamesInScope(int scope)
void remoteAttribute(String name, int scope)
void setAttribute(String name, Object value, int scope)
```

范围参数有 4 个常数，代表 4 种范围：PAGE_SCOPE 代表 page 范围，REQUEST_SCOPE 代表 request 范围，SESSION_SCOPE 代表 session 范围，APPLICATION_SCOPE 代表 application 范围。

六、out 对象

out 对象是一个输出流，用来向客户端输出数据，取得的方式是调用 pageContext.getOut()方法，同时 out 对象也可以用来管理、响应缓冲。表 5-7 列出了 out 对象提供的一些常用方法。

表 5-7　out 对象提供的一些常用方法

方　　法	方　法　功　能
void print(Object object)	根据平台的默认字符编码方式，显示一个对象
void print(Boolean b)，void print(char c)，void print(int i)，void print(long l)，void print(float f)，void print(double d)，void print(char [] s)，void print(String s)	向输出流显示相关变量的值，根据平台的默认字符编码方式将值转换为字节

续表

方　法	方　法　功　能
void println(Boolean b)，void println(char c)，void println(int i)，void println(long l)，void println(float f)，void println(double d)，void println(char [] s)，void println(String s)	向输出流显示相关变量的值，根据平台的默认字符编码方式将值转换为字节，然后插入一个分行符字符串
void println(Object object)	显示一个对象，然后插入一个分行符字符串
void clear()	清除缓冲区中的所有内容
void clearBuffer()	清除缓冲区中的当前内容
void flush()	刷新将发送给客户端的流
void close()	刷新并关闭流
int getBufferSize()	返回缓冲区大小，单位为字节
int getRemaining()	返回缓冲区中没有使用的字符的数量
boolean isAutoFlush()	返回缓冲区是否自动刷新

七、exception 对象

exception 对象提供了对出错的 JSP 页面内的异常的访问，提供的方法如表 5-8 所示。

表 5-8　exception 对象提供的方法

方　法	方　法　功　能
String getLocalizedMessage()	返回有关异常的本地化描述
String getMessage()	返回异常消息
void printStackTrace()	将对异常的追踪显示到一个标准的错误流
void printStackTrace(java.io.PrintStream)	将对异常的追踪显示到指定的显示流
void printStackTrace(java.io.PrintWriter)	将对异常的追踪显示到指定的书写器

项目总结

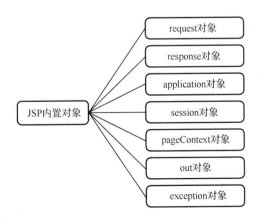

项目实战

实战 1——处理表单

下面编写一个简单的页面,使用表单收集用户的姓名、年龄和爱好信息,使用 post 方式传送参数,提交后,使用另一个 JSP 页面输出参数值。

在项目中添加一个 JSP 页面 info.jsp,实现表单页面,具体代码如下。

```jsp
<!-- info.jsp -->
<%@ page language="java" contentType="text/html; charset=UTF-8"
    pageEncoding="UTF-8"%>
<!DOCTYPE html>
<html>
<head>
<meta charset="UTF-8">
<title>用户信息</title>
</head>
<body>
<div align="center">
<form name="form" method="post" action="showinfo.jsp">
  <table>
    <tr>
      <td nowrap valign="top">姓名:
        <input type="text" name="name">
      </td>
    </tr><tr>
      <td nowrap valign="top">年龄:
        <input type="text" name="age">
      </td>
    </tr><tr>
      <td nowrap align="center" valign="top">爱好:
        <select name="interest" size="6" multiple>
          <option value="movie">movie</option>
          <option value="tennis">tennis</option>
          <option value="reading">reading</option>
          <option value="music">music</option>
          <option value="swimming">swimming</option>
          <option value="football">football</option>
        </select>
      </td></tr>
  </table>
  <div align="center">
```

```
        <input type="submit" name="submit" value="OK">
    </div>
</form>
</div>
</body>
</html>
```

在项目中添加一个 JSP 页面 showinfo.jsp，用于处理表单，具体代码如下。

```
<!-- showinfo.jsp -->
<%@ page language="java" contentType="text/html; charset=UTF-8"
    pageEncoding="UTF-8" import="java.util.Enumeration"%>
    <%
    Enumeration parameterNames = request.getParameterNames();
    out.print("Parameter name:");
    while( parameterNames.hasMoreElements() ){
        out.print(    "[" + (String)parameterNames.nextElement() + "]" );
    }
    out.print( "<br>name:" + request.getParameter( "name" ) );
    out.print( "<br>age:" + request.getParameter( "age" ) );
    String[] interest = request.getParameterValues( "interest" );
    out.print( "<br>interest :");
        for(int i=0;i<interest.length;i++){
        out.print(interest[i]+",");
}
%>
<!DOCTYPE html>
<html>
<head>
<meta charset="UTF-8">
<title>显示信息</title>
</head>
<body>
</body>
</html>
```

在服务器上运行页面 info.jsp，即可打开浏览器显示表单页面，输入姓名、年龄，选择爱好，如图 5-11 所示。

图 5-11　表单页面

单击"OK"按钮,即可跳转到 showinfo.jsp 页面,显示提交的信息,如图 5-12 所示。

图 5-12 显示提交的信息

实战 2——采集用户信息

下面利用 session 对象和 response 对象采集用户基本信息,并输出。

首先添加一个 JSP 文件 name.jsp,为客户分配 session 对象,并采集用户的姓名,具体代码如下。

```
<!-- name.jsp -->
<%@ page language="java" contentType="text/html; charset=UTF-8"
    pageEncoding="UTF-8"%>
<!DOCTYPE html>
<html>
<head>
<meta charset="UTF-8">
<title>采集客户姓名</title>
</head>
<body>
<% String str=session.getId(); %>
<% String strURL=response.encodeRedirectURL("confirm.jsp");%>
您的 session 对象的 Id 号为: <%=str%>
<br>
<form method="post" name="form" action="<%=strURL%>">
    <br>
    请输入您的姓名:
    <br>
    <input type="text" name="userName">
    <input type="submit" value="确认">
</form>
</body>
</html>
```

在项目中添加一个 JSP 文件 confirm.jsp,输出采集的姓名,并进一步采集其他信息,具体代码如下。

```
<!-- confirm.jsp -->
<%@ page language="java" contentType="text/html; charset=UTF-8"
```

```jsp
        pageEncoding="UTF-8"%>
<%!
    public String codeString(String s){
        String str=s;
            try{
            byte b[]=str.getBytes("ISO-8859-1");
            str=new String (b);
            return str;
        }catch(Exception e){
        return "error";
        }
    }
%>
<!DOCTYPE html>
<html>
<head>
<meta charset="UTF-8">
<title>favor</title>
</head>
<body>
<% String strId=session.getId(); %>
<% String strURL=response.encodeRedirectURL("printinfo.jsp");%>
您的 session 对象的 Id 号为：<%=strId%>
<br>
<%
    String strName=request.getParameter("userName");
    if(strName==null)strName="";
    strName=codeString(strName);
%>
您的姓名是：
<% out.println(strName); %>
<br>
<% session.setAttribute("userName",strName);%>
<form method="post" name="form" action="<%=strURL%>">
    <br>
    请输入您爱吃的食物：
    <br>
    <input type="text" name="foodName">
    <input type="submit" value="确认">
</form>
</body>
</html>
```

在项目中添加一个 JSP 文件 printinfo.jsp，输出采集的所有信息，具体代码如下。

```jsp
<!-- printinfo.jsp -->
<%@ page language="java" contentType="text/html; charset=UTF-8"
```

```jsp
pageEncoding="UTF-8"%>
<%!
    public String codeString(String s){
        String str=s;
            try{
            byte b[]=str.getBytes("ISO-8859-1");
            str=new String (b);
            return str;
        }catch(Exception e){
        return "error";
        }
    }
%>
<!DOCTYPE html>
<html>
<head>
<meta charset="UTF-8">
<title>输出信息</title>
</head>
<body>
<% String strId=session.getId(); %>
您的session对象的Id号为：<%=strId%>
<br>
<% Object strName=session.getAttribute("userName");%>
您的名字是：
<%out.println((String)strName);%>
<br>
<%
    String strFood=request.getParameter("foodName");
    if(strFood==null)strFood="";
    strFood=codeString(strFood);
%>
您爱吃的食物是：<%=strFood %>
</body>
</html>
```

在服务器上运行页面 name.jsp，显示分配的 seesion 对象的 Id，并输入姓名，如图 5-13 所示。

图 5-13　输入姓名

单击"确认"按钮，跳转到confirm.jsp页面，输入爱吃的食物，如图5-14所示。

图5-14 输入爱吃的食物

单击"确认"按钮，跳转到页面printinfo.jsp，输出所有信息，如图5-15所示。

图5-15 输出所有信息

项目六

JavaBean 技术

思政目标

➢ 拓宽视野，勤奋学习，培养批判性思维和创新意识。

技能目标

➢ 能够熟知 JavaBean 的编写规范并创建 JavaBean。
➢ 能够在 JSP 页面中使用 JavaBean，设置、获取 JavaBean 的属性。

项目导读

　　JavaBean 是一种基于 Java 的可重用组件技术。JavaBean 组件是小的应用程序块，可以使用 JavaBean 来集合成大型的组件，从而编译完整的应用程序。JSP 对于在 Web 应用中集成 JavaBean 组件提供了完善的支持。这种支持不仅能缩短程序的开发时间，也为 JSP 应用带来了更多的可伸缩性。本项目介绍 JavaBean 的基础知识，以及在动态网站开发中创建与使用 JavaBean 的方法。

任务 1 认识 JavaBean

| 任务引入 |

在学习 JSP 的过程中，小王有一个疑惑，JavaBean 实现的功能使用一般的 Java 类也能实现，为什么要引入 JavaBean 的概念，在网页中使用 JavaBean 有什么好处呢？JavaBean 与普通 Java 类的编写规范有什么不同之处呢？

| 知识准备 |

一、JavaBean 简介

随着软件技术的发展，"组件（或称构件）技术"日益深入人心。一个组件就是一段代码，用来实现一系列定义好的接口。组件不是完整的应用程序，它们不能独立运行。更贴切地说，它们可看作许多大型问题分割成的小问题，可以帮助开发者构建更大的可配置的软件。

JavaBean 是一种适合于 Java 语言的可视化组件技术规范，可以将内部动作封装起来，用户不需要了解其如何运行，只需要知道如何调用及处理对应的结果即可实现代码的重复利用。JavaBean 不需要运行时环境，也不需要容器来对它进行实例化、注销及提供其他服务的操作。在动态网站开发中，使用 JavaBean 可以简化 JSP 页面的设计与开发，提高代码可读性，从而提高网站应用的可靠性和可维护性。

在 JSP 中，JavaBean 更多地应用在非可视化的 Web 服务领域中，常常用来封装事务逻辑、数据库操作等，可以很好地实现业务逻辑和前台程序的分离，使得系统具有更好的健壮性和灵活性。如一个购物车程序，要实现在购物车中添加一件商品的功能，可以通过一个实现购物车操作的 JavaBean 来完成。在 JavaBean 中创建一个 public 的 AddItem() 方法，在前台的 JSP 页面中直接调用这个方法就可以了。如果后期考虑添加商品前需要判断是否有库存，则只需要更改 AddItem() 方法，而不必更改前台的 JSP 文件。

综上，在 JSP 中使用 JavaBean，有如下两个优点。

（1）提高代码的可复用性，减少代码冗余。

对于通常使用的业务逻辑代码，如数据运算和处理、数据库操作等，可以封装到 JavaBean 中。在 JSP 文件中可以多次调用 JavaBean 中的方法来实现程序的快速开发。

（2）将 HTML 代码和 Java 代码分离，有利于程序开发、维护。

JavaBean 可以使应用程序更加面向对象，可以将业务逻辑进行封装，使得业务逻辑代码和显示代码相分离，功能区分明确，降低开发的复杂程度和维护成本。

二、JavaBean 的编写规范

JavaBean 可以理解为遵守某种规范的 Java 类，通过封装属性和方法成为具有某种功能或者处理某个业务的对象。

为了使得使用这些类的应用程序（如 JSP 引擎）知道这些类的属性和方法，为类的成员变量命名时需要遵循如下规范。

（1）如果类的成员变量的名称是 xxx，为了更改和获取成员变量的值，即更改和获取属性，应在类中为每个属性都定义对应的 set 方法 setXxx()和 get 方法 getXxx()，分别用来设置与获取属性的值。

> 注意：不论成员变量名的第一个字母是否大写，get 方法和 set 方法中的属性名第一个字母都要大写。

（2）对于 boolean 型的成员变量，可以使用 is 代替上面的 get 和 set。
（3）类中所有方法的访问权限都是 public。

> 提示：一个标准的 JavaBean 类还必须包含没有任何参数的构造函数，成员属性私有化。

案例——创建图书 JavaBean 类

在 Eclipse 中创建一个图书业务对象对应的 JavaBean 类，定义 4 个属性和对应的 8 个方法。

（1）在 Eclipse 中新建一个名为 JavaBeanDemo 的动态 Web 项目，右击项目名称，在弹出的快捷菜单中选择"New"→"Class"命令，打开"New Java Class"对话框，输入包名称"ch08"和类名称"bookBean"，如图 6-1 所示。

图 6-1　新建 Java 类

（2）单击"Finish"按钮，即可创建并打开名为 bookBean.java 的类文件，在其中定义 4 个属性，如图 6-2 所示。

每个属性的访问权限都设置为 private，这样只有 JavaBean 本身可以直接调用、修改这些属性，外部类只能调用 get 和 set 方法来获取或修改 JavaBean 的属性。

（3）将光标定位在类的属性定义中，在菜单栏中选择"Source"→"Generate Getters and Setters"命令，弹出"Generate Getters and Setters"对话框。单击"Select All"按钮选中所有属性，然后选择插入点位置，本例选择"After 'price'"，如图 6-3 所示。

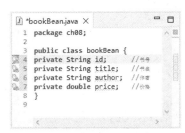

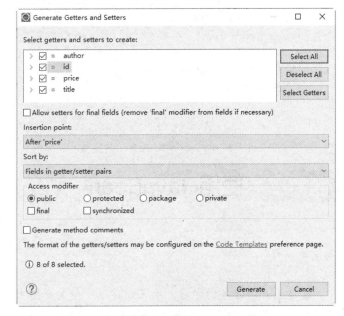

图 6-2　定义 4 个属性　　　　图 6-3　"Generate Getters and Setters"对话框

（4）单击"Generate"按钮，即可自动生成所有属性的 get 和 set 方法。此时的 bookBean.java 文件代码如下。

```
package ch08;

public class bookBean {
private String id;         //书号
private String title;      //书名
private String author;     //作者
private double price;      //价格
public String getId() {
    return id;
}
public void setId(String id) {
    this.id = id;
}
public String getTitle() {
    return title;
}
```

```
        public void setTitle(String title) {
            this.title = title;
        }
        public String getAuthor() {
            return author;
        }
        public void setAuthor(String author) {
            this.author = author;
        }
        public double getPrice() {
            return price;
        }
        public void setPrice(double price) {
            this.price = price;
        }
    }
```

任务 2　使用 JavaBean

| 任务引入 |

通过上一个任务的学习，小王创建了一个关于图书信息的 JavaBean。他希望设置图书的相关信息并输出，该如何在 JSP 页面中实例化 JavaBean 对象，并设置、获取 JavaBean 对象的属性呢？

| 知识准备 |

一、在 JSP 中调用 JavaBean

在 JSP 中调用 JavaBean 需要使用 JSP 动作<jsp:useBean>。

<jsp:useBean>动作可以定义一个具有一定生存范围，以及一个唯一 id 的 JavaBean 实例，之后 JSP 就可以通过 id 来识别 JavaBean，通过调用方法或使用<jsp:getProperty>和<jsp:setProperty>动作来操作这个 JavaBean 实例。

使用<jsp:useBean>动作时，如果服务器上没有相同 id 和 scope 属性的 JavaBean 对象，则根据 class 指定的类创建一个新的 JavaBean 对象，命名为 id，指定有效范围为 scope；如果服务器上已经有了相同 id 和 scope 属性的 JavaBean 对象，则服务器分配一个这样的对象给客户端。

<jsp:useBean>动作的常用格式如下：

```
<jsp:useBean id="JavaBean 对象的名称" class="JavaBean 类的名称" scope="JavaBean 的有效范围"/>
```

id 属性是 JavaBean 对象的唯一标识，代表了一个 JavaBean 对象实例。

class 属性代表 JavaBean 的类名，由于 Java 是对大小写敏感的，这里要注意类名的大小写。

scope 属性代表了 JavaBean 对象的生命周期，可取的值有 page、request、session 和 application，默认取值为 page。

（1）page：有效范围为当前页面。在当前请求时间内，JavaBean 对象除了绑定到局部变量，还将位于 PageContext 对象中。当客户离开当前页面时，JSP 引擎取消分配给客户的这个 JavaBean 对象。

（2）request：有效范围是 request 期间。从创建 JavaBean 对象开始，可以在任何执行相同请求的 JSP 文件中使用该对象，直到页面执行完毕向客户端发回响应或转到另一个文件为止。JavaBean 对象除了绑定到局部变量，还将位于 ServletRequest 对象中，通过 getAttribute()方法进行访问。

（3）session：有效范围为客户与服务器的会话期，客户在多个页面间切换，JavaBean 对象不会被取消，直到客户关闭所有连接服务器的 Web 浏览器。除了绑定到局部变量，JavaBean 对象还存储在与当前请求相关的 HttpSession 对象中，可以使用 getValue()方法进行检索。如果在 page 指令中指明当前页面不加入会话，则在转换页面试图使用该方法时会报错。

（4）application：从创建 JavaBean 对象开始，可以在任何使用相同 application 的 JSP 文件中使用此对象。JavaBean 对象除了绑定到局部变量，还可存储在共享的 ServletContext 中，通过预定义 application 变量或调用 getServletContext()方法可以访问 ServletContext。只要服务器开着，这个 JavaBean 对象就是有效的，而且所有客户共享这个 JavaBean 对象，如果一个客户改变了这个 JavaBean 对象的某个属性的值，那么所有客户的 JavaBean 属性值都会发生变化。

二、访问、设置 JavaBean 属性

分配给客户一个 JavaBean 之后，就可以操作 JavaBean 对象了。JavaBean 对象本身是一个 Java 类的对象，则在 JSP 页面中的 Java 脚本程序中直接调用对象的方法就可以实现对 JavaBean 的操作，如 id.method()。此外，JSP 还提供了两种动作元素可以直接对 JavaBean 的属性进行操作：使用<jsp:getProperty>动作获得 JavaBean 的属性值，使用<jsp:setProperty>动作设置 JavaBean 的属性值。

<jsp:setProperty>动作在语法上可分为以下四种模式。

① 自动匹配：<jsp:setProperty name="对象名称" property="*"/>。

② 指定属性：<jsp:setProperty name="对象名称" property="属性名称"/>。

③ 指定参数：<jsp:setProperty name="对象名称" property="属性名称" param="参数名称"/>。

④ 指定内容：<jsp:setProperty name="对象名称" property="属性名称" value="内容"/>。

常用的模式是前面两种，第三种和第四种模式很少用。其中第一种模式将 property

值设置为"*"，系统会将 JavaBean 的属性与表单控件的 name 属性进行匹配，方便对表单信息的处理。如果采用第三种模式，JSP 引擎会自动将 request 获取的字符串数据转换为 JavaBean 相应属性的类型，修改 JavaBean 对象的属性值。

案例——显示图书信息

调用本项目任务 1 案例中创建的类文件 bookBean.java，设置图书的属性值并输出。

（1）打开项目 JavaBeanDemo 中的类文件 bookBean.java，在其中添加一个不带参数的构造函数，代码如下。

```java
public bookBean() {
}
```

（2）在项目中添加一个使用 bookBean 组件的 JSP 页面 bookinfo.jsp，代码如下。

```jsp
<%@ page language="java" contentType="text/html; charset=UTF-8"
    pageEncoding="UTF-8"%>
<!DOCTYPE html>
<html>
<head>
<meta charset="UTF-8">
<title>图书信息</title>
</head>
<body>
<jsp:useBean id="book" class="ch08.bookBean" scope="page" />
<jsp:setProperty name="book" property="id" value="978-x-xxxx-xxxx-x"/>
<jsp:setProperty name="book" property="title" value="Summer"/>
<jsp:setProperty name="book" property="author" value="noname"/>
<jsp:setProperty name="book" property="price" value="89"/>
<div align="center"><h1>图书信息<br></h1></div>
<h3><font color=blue>
NO.1<br>
书号：<jsp:getProperty name="book" property="id" /><br>
书名：<jsp:getProperty name="book" property="title" /><br>
作者：<jsp:getProperty name="book" property="author" /><br>
定价：<jsp:getProperty name="book" property="price" /> 元
<br>
------------------------------------------------
NO.2<br>
<%
    book.setId("978-x-xxxx-xxxx-x");
    out.println("书号："+book.getId()+"<br>");
    book.setTitle("Spring");
    out.println("书名："+book.getTitle()+"<br>");
    book.setAuthor("noname");
    out.println("作者："+book.getAuthor()+"<br>");
```

```
                book.setPrice(109);
                out.println("定价："+book.getPrice()+"<br>");
%>
</font>
</h3>
</body>
</html>
```

（3）在服务器上运行该页面，即可打开浏览器显示图书信息，运行结果如图 6-4 所示。

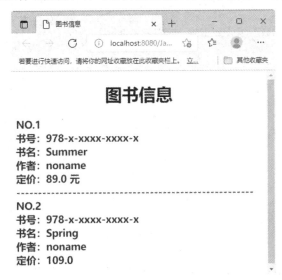

图 6-4　运行结果

案例——自动匹配学生信息

使用表单录入学生基本信息，然后利用<jsp:setProperty>动作的自动匹配模式输出学生信息。

（1）在项目 JavaBeanDemo 中创建一个名为 CustomBean.java 的 JavaBean，定义成员属性和方法，具体代码如下。

```
package ch08;

public class CustomBean {
        public CustomBean() {
        }
    private String username;        //学生姓名
    private int age;                //年龄
    private String grade;           //年级
    private String major;           //专业
    public String getUsername() {
    return username;
```

```java
}
public void setUsername(String username) {
    this.username = username;
}
public int getAge() {
    return age;
}
public void setAge(int age) {
    this.age = age;
}
public String getGrade() {
    return grade;
}
public void setGrade(String grade) {
    this.grade = grade;
}
public String getMajor() {
    return major;
}
public void setMajor(String major) {
    this.major = major;
}
}
```

（2）在项目中添加一个名为 custominfo.jsp 的 JSP 文件，使用表单提交学生基本信息，具体代码如下。

```jsp
<%@ page language="java" contentType="text/html; charset=UTF-8"
    pageEncoding="UTF-8"%>
<!DOCTYPE html>
<html>
<head>
<meta charset="UTF-8">
<title>填写学生信息</title>
</head>
<body bgcolor=#00FFCC>
    <div align="center">
    <h3><font color=blue>学生基本信息</font></h3>
    <form action="showinfo.jsp" method="post" name="information">
        姓名：<input type="text" name="username"/>
        <br>
        年龄：<input type="text" name="age"/>
        <br>
        年级：<input type="text" name="grade"/>
        <br>
        专业：<input type="text" name="major"/>
        <br><br>
        <button type="submit" name="button1">提交</button>
        <button type="reset" name="button2">重置</button>
```

```
        </form>
    </div>
</body>
</html>
```

在设置表单控件的 name 属性时,要注意设置的属性值要与 JavaBean 的属性名称一致。

(3)在项目中添加一个名为 showinfo.jsp 的 JSP 文件,用于调用 CustomBean,使用自动匹配模式设置 CustomBean 对象的属性,并获取提交的学生基本信息,具体代码如下。

```
<%@ page language="java" contentType="text/html; charset=UTF-8"
    pageEncoding="UTF-8"%>
<!DOCTYPE html>
<html>
<head>
<meta charset="UTF-8">
<title>显示学生信息</title>
</head>
<body bgcolor=#00FFCC>
<div align="center">
<jsp:useBean id="student" class="ch08.CustomBean" scope="page" />
<jsp:setProperty name="student" property="*"/>
<%
out.println("姓名: "+student.getUsername()+"<br>");
out.println("年龄: "+student.getAge()+"<br>");
out.println("年级: "+student.getGrade()+"<br>");
out.println("专业: "+student.getMajor()+"<br>");
%>
</div>
</body>
</html>
```

(4)在服务器上运行 custominfo.jsp,即可打开浏览器填写信息,在文本框中输入基本信息,如图 6-5 所示。

(5)单击"提交"按钮,即可跳转到 showinfo.jsp 页面,将提交的表单数据自动匹配 JavaBean 对象相应的属性值,并获取、输出匹配的属性值,如图 6-6 所示。

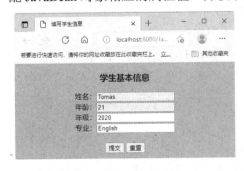

图 6-5　输入基本信息

图 6-6　输出表单数据

项目总结

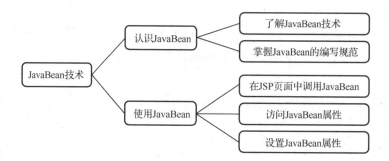

项目实战——登录验证

目前大部分网站都是基于会员制的,而用户身份认证则是网站必备的功能模块。下面制作一个简单的登录页面,使用 JavaBean 实现登录验证的功能。只有使用指定的账号(admin)和密码(welcome)的用户才能成功登录。

(1) 在 Eclipse 中新建一个动态 Web 项目 LoginVerify,添加一个名为 LoginBean.java 的 JavaBean,定义成员属性和方法,具体代码如下。

```java
package login;

public class LoginBean {
    private String username;      //账号
    private String password;      //密码
    private boolean login;        //是否成功登录
    public LoginBean() {
    }
    public String getUsername() {
        return username;
    }
    public void setUsername(String username) {
        this.username = username;
    }
    public String getPassword() {
        return password;
    }
    public void setPassword(String password) {
        this.password = password;
    }
    //是否使用指定的账号和密码登录
```

```
        public boolean isLogin() {
            if(username.equals("admin")&&password.equals("welcome")) {
                login = true;
            }else {
                login = false;
            }
            return login;
        }
        public void setLogin(boolean login) {
            this.login = login;
        }

}
```

(2) 添加一个名为 login.jsp 的 JSP 文件，创建登录页面，具体代码如下。

```
<%@ page language="java" contentType="text/html; charset=UTF-8"
    pageEncoding="UTF-8"%>
<!DOCTYPE html>
<html>
<head>
<meta charset="UTF-8">
<title>用户登录</title>
</head>
<body>
    <div align="center">
        <%--设置页面背景图像 --%>
        <img src="huanghua.png" width="100%" height="100%" style="z-index:-100;position:fixed; left:0; top:0"/>
        <br><br>
        <form action="verify.jsp" method="post">
            <font color=blue><b>
            <%--通过 HTTP 表单参数值设置 JavaBean 对象的属性 --%>
            账号：<input type="text" name="username"/><br><br>
            密码：<input type="text" name="password"/><br><br>
            <button type="submit" name="button1">提交</button>
            <button type="reset" name="button2">重置</button>
            </b></font>
        </form>
    </div>
</body>
</html>
```

(3) 添加一个名为 verify.jsp 的 JSP 文件，调用 JavaBean 验证登录账号是否正确，具体代码如下。

```
<%@ page language="java" contentType="text/html; charset=UTF-8"
    pageEncoding="UTF-8"%>
```

```jsp
<%@ page import = "login.LoginBean" %>
<%
request.setCharacterEncoding("UTF-8");
%>
<!DOCTYPE html>
<html>
<head>
<meta charset="UTF-8">
<title>验证登录</title>
</head>
<body>
    <div align="center">
    <img src="huanghua.png" width="100%" height="100%" style="z-index:-100;position:fixed;left:0;top:0"/>
    <br>
    <jsp:useBean id="lg" class="login.LoginBean" scope="page"/>
    <%--表单参数与属性自动匹配 --%>
    <jsp:setProperty property="*" name="lg"/>
    <%--获取 JavaBean 对象的属性值 --%>
    <font color=blue><b>
登录账号：<jsp:getProperty name="lg" property="username" /><br><br>
登录密码：<jsp:getProperty name="lg" property="password" /><br><br>
是否正确：<jsp:getProperty name="lg" property="login" /><br><br></b></font>
<%
if(!lg.isLogin()){
   out.println("<font color=red size='5'>登录名或密码错误！</font>");
%>
        <a href="login.jsp">重新登录 </a>
<%
}
%>
    </div>
</body>
</html>
```

（4）在服务器上运行 login.jsp 页面，即可打开浏览器显示登录页面，输入账号和密码，如图 6-7 所示。

（5）单击"提交"按钮，即可跳转到 verify.jsp 页面验证账号和密码，并输出用户提交的账号、密码，以及是否正确的信息。在上一步中，由于输入了首字母大写的账号，因此登录不成功，显示错误提示信息，并给出"重新登录"的链接，如图 6-8 所示。

（6）单击"重新登录"链接，跳转到登录页面 login.jsp，重新输入正确的账号和密码，单击"提交"按钮，即可登录成功，如图 6-9 所示。

项目六 JavaBean 技术

图 6-7　登录页面

图 6-8　登录错误

图 6-9　登录成功

项目七

Servlet 基础

思政目标

➤ 注重培养分析能力,及时调整,按需改进。

技能目标

➤ 能够熟知 Servlet 的生命周期和工作原理。
➤ 能够使用 Servlet 在 JSP 页面中创建 Web 应用程序的基本模块。

项目导读

在执行 JSP 程序之前,首先需要使用 JSP 引擎将其编译成可执行的 Java 字节码文件,即 Servlet。了解 Java Servlet,对理解 JSP 的工作原理、编写 JSP 页面有很大的帮助。本项目介绍 Servlet 的工作原理、生命周期,以及创建和调用 Servlet 的方法。

任务 1　认识 Servlet

| 任务引入 |

通过前面的学习，小王已经学会了使用 JSP+JavaBean 开发 Web 应用，但在学习中他却发现，很多网友还在使用 Servlet。作为 JSP 新手，小王不明白了，JSP 是从 Servlet 发展而来的，为什么还要学习 Servlet 呢？肯定不仅仅是为了加深对 JSP 的理解，Servlet 一定有其独特的优势。

| 知识准备 |

一、什么是 Servlet

Servlet 是运行在请求/响应服务器上的模块，是普通服务器的扩展。

Servlet 是一个可被动态载入以提高服务器功能的 Java 类，具有独立于平台和协议的特性，运行在服务器端，不需要编辑图形界面，可以生成动态的 Web 页面。

与 JavaBean 一样，Servlet 程序完全由 Java 代码组成，同样是 Java 提供的用于开发 Web 服务器端应用程序的一个组件，但与 JavaBean 不同的是，Servlet 是使用 Java Servlet API 及相关类和方法编写的，而且可以产生动态的内容并显示到客户端。Java Servlet API 包含在 javax.servlet 和 javax.servlet.http 这两个程序包中，这两个程序包里包含了为所有 HTTP 的请求/响应提供通信服务的类和接口。

Servlet 必须在 Servlet 容器内执行。Servlet 容器是在 J2EE 规范中定义的一个概念，属于 Java 使能的 Web 服务器或者应用服务器的一个组成部分，支持 HTTP 协议和 HTTPS 协议。Servlet 借助 Servlet 容器实现与 Web 客户端之间的基于 HTTP 的请求/响应过程。

Servlet 可以应用在如下一些方面。

（1）创建并返回一个包含基于客户请求性质的动态内容的完整 HTML 页面。

（2）创建可嵌入到现有 HTML 页面中的一部分 HTML 页面。

（3）与其他服务器资源（包括数据库和基于 Java 的应用程序）进行通信。

（4）处理与多个客户端的连接，接收多个客户端的输入，并将结果广播到多个客户端。

（5）当允许在单连接方式下传送数据时，可以在浏览器上打开服务器至 Applet 的新连接，并将该连接保持在打开状态。

（6）对特殊的处理采用 MIME（Multipurpose Internet Mail Extensions）类型过滤数据。

（7）将定制的处理提供给所有服务器的标准例行程序，如 Servlet 可以修改如何认证用户。

Servlet 是在 JSP 之前就存在的、运行在服务器端的一种 Java 技术，以此为基础，才有了 Java Server Pages，即 JSP。JSP 程序在执行时首先要编译成 Servlet，因此继承了 Java Servlet 的几乎所有优点，但 JSP 是不能取代 Servlet 的。从网络三层结构的角度看，一个网络项目最少分为三层：数据层、事务层和表示层。Servlet 用来设计事务层是很强大的，但是用来设计表示层就很不方便，而 JSP 主要用来设计表示层。因此开发 Web 应用有两种方式可以选择。

（1）JSP+JavaBean（见图 7-1）。

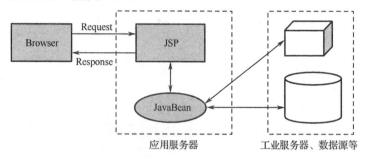

图 7-1　JSP+JavaBean

（2）JSP+JavaBean+Servlet（见图 7-2）。

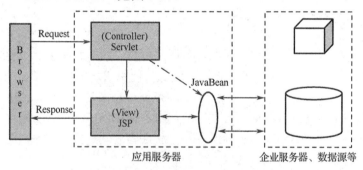

图 7-2　JSP+JavaBean+ Servlet

使用哪种方式开发，取决于开发者的个人喜好、团队工作策略及是否采用传统的面向对象的编程方法。

Servlet 功能强大，体系设计先进，相比较传统的 CGI 或其他动态网页编程语言效率更高、使用更方便，更适合基于组件的开发模式。概括起来，Servlet 有如下的优良特性：

（1）可移植性：Servlet 基于 Java 语言，符合规范定义，有良好的跨平台、跨协议特性。

（2）功能强大：可应用 Java API 的所有核心功能，且可以添加其他自定制功能。

（3）高效耐久：载入后作为单独的对象实例驻留在服务器的内存中；可以自动保持状态并同外部资源保持连接；多线程执行，速度快，开销小。

（4）安全：Servlet 继承了 Java 的安全特性，避免了内存管理方面的安全问题；提供异常处理机制；需要预编译，出错可能性小。

（5）灵活：Servlet API 易于扩展，内容开发非常灵活。

（6）面向对象：代码简洁，模块化。

（7）构件化：提供 EJB 组件支持和众多中间件服务支持，加速总体开发过程。

二、Servlet 的工作原理

Servlet 由支持 Servlet 的 Web 服务器或应用服务器中的 Servlet 引擎管理。当多个用户请求一个 Servlet 时，引擎为每个用户启动一个线程而不是启动一个进程，这些线程由 Servlet 服务器管理。

Servlet 容器负责管理 Servlet，其实现的具体功能有。

（1）解析 HTTP 请求，生成 HTTP 响应。

（2）提供 Servlet 运行环境。

（3）管理 Servlet 生命周期。

Servlet 容器既可以是 Web 服务器内建的构件，也可以是单独的构件嵌入到 Web 服务器中，所有的 Servlet 容器都必须支持 HTTP 1.0 协议，一般的 Servlet 容器同时支持 HTTP 1.1 协议。

在一个 Web 应用中，每个 Servlet 的类都被映射为 Web 服务器中的一个或多个 URL 地址。当服务器接收到对某个 Servlet 的 URL 的一个 HTTP 请求时，服务器调用响应的 Servlet 的服务方法 service()，该方法产生此响应的动态内容。

三、Servlet 的生命周期

在 Servlet 中也有生命周期的概念。生命周期定义了一个 Servlet 的载入、初始化、处理请求及终止的整个过程，生命周期由 Servlet 容器进行管理，Servlet 的生命周期始于将其装入 Web 服务器的内存，结束于终止或重新装入 Servlet。在代码中，Servlet 生命周期由接口 javax.servlet.Servlet 定义，所有的 Java Servlet 必须直接或间接地实现 javax.servlet.Servlet 接口，这样才能在 Servlet 引擎上运行。

如图 7-3 所示，当一个服务器装载 Servlet 时，它实例化一个 Servlet 对象，调用 init() 方法进行初始化。这个方法不能反复调用，一旦调用就是再装载 Servlet。因此直到服务器调用 destroy() 方法卸载 Servlet 后才能再调用。在服务器装载、初始化 Servlet 后，Servlet 就能够处理客户端的请求，这一点通过调用 service() 方法来实现。每个客户端请求有其单独的 service() 方法：这些方法接收客户端请求，并且发回相应的响应。当服务器不再需要该 Servlet 时，调用 destroy() 方法卸载，释放 Servlet 运行时占用的资源，Servlet 进入不可获得状态。

根据 Servlet 实例从创建到消亡的过程，一般把 Servlet 的生命周期分为 4 个阶段。

（1）实例化

Servlet 容器创建 Servlet 实例的阶段。Servlet 容器决定载入时机，可以在 Servlet 容器启动时载入，也可以在请求到来时载入。

（2）初始化

一个 Servlet 实例在其生命周期内只进行一次初始化。当 Servlet 被 Servlet 容器载入之后，Servlet 容器通过调用 Servlet 的 init() 方法来执行初始化代码。init() 方法被执行时，

Servlet 引擎会把一个 ServletConfig 类型的对象传递给 init()方法，这个对象就被保存在 Servlet 对象中，直到 Servlet 对象消亡。此 ServletConfig 对象只服务于该 Servlet，一般被用来获得该 Servlet 初始化参数及 Servlet 的运行环境对象。初始化时可能抛出 ServletException 异常或 UnavailableException 异常，这时 Servlet 容器将释放 Servlet 实例并随时会再次载入并初始化。

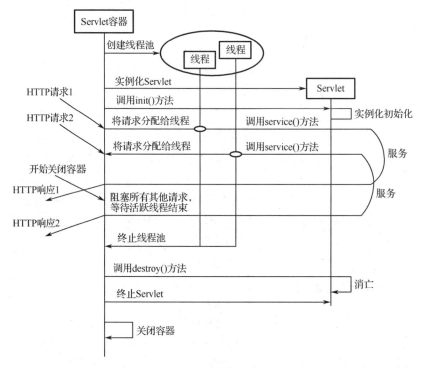

图 7-3　Servlet 的生命周期

（3）服务

Servlet 容器调用 service()方法提供服务。这个方法是 HttpServlet 类中的方法，可以在 Servlet 中直接继承该方法或重写这个方法。service()方法有两个传递参数：HttpServletRequest 对象和 HttpServletResponse 对象。HttpServletRequest 对象封装了用户的请求信息，此对象调用相应的方法可以获取封装的信息，使用这个对象可以获取用户提交的信息；HttpServletResponse 对象用来响应用户的请求。service()方法根据 HttpServletRequest 实例的请求类型来决定分发给 doGet()还是 doPost()方法来处理请求。处理请求时会抛出 ServletException 异常和 UnavailableException 异常，如果是第一种异常，Servlet 容器会清除当前服务的请求；如果是第二种异常，Servlet 容器将清除该 Servlet 实例。

Servlet 能同时运行多个 service()方法，为了提高安全性，service()方法可以按"thread-safe"模式编写。假如某个服务器不能同时并发执行 service()方法，也可以使用 SingleThreadModel 接口，这个接口保证不会有两个以上的线程并发运行。

（4）消亡

在这个阶段，容器调用 destroy()方法来撤销该 Servlet 实例，是 init()的反方法。撤销一个 Servlet 实例，或者是需要节约内存，或者是要关闭容器本身，或者是 Servlet 在处理请求时发生 UnavailableException 异常。在关闭容器时，系统会给正在执行代码的 Servlet 一定的时间完成服务，再执行 destroy()方法。

案例——Servlet 应用

编写一个简单的 Servlet 程序，完整地实现 init()、service()、destroy()方法。

（1）在 Eclipse 中新建一个名为 ServletDemo 的 Web 项目，右击项目名称，从弹出的快捷菜单中选择"New"→"Servlet"命令，打开"Create Servlet"对话框，输入包名称"servlet"和类名称"lifecycle"，如图 7-4 所示。

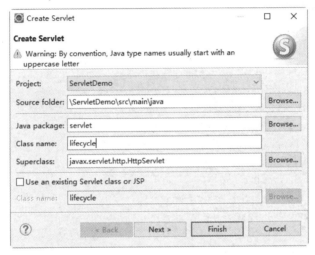

图 7-4 "Create Servlet"对话框

（2）单击"Finish"按钮关闭对话框，即可创建一个名为 lifecycle.java 的 Servlet，该文件中已包含基本的程序框架。

（3）在 lifecycle 类中添加 init()、service()、destroy()方法，具体代码如下。

```java
package servlet;

import java.io.IOException;
import java.io.PrintWriter;
import javax.servlet.ServletConfig;
import javax.servlet.ServletException;
import javax.servlet.ServletRequest;
import javax.servlet.ServletResponse;
import javax.servlet.annotation.WebServlet;
import javax.servlet.http.HttpServlet;

@WebServlet("/lifecycle")
public class lifecycle extends HttpServlet {
    private static final long serialVersionUID = 1L;
```

```
        private ServletConfig config;
        public lifecycle() {
            super();
        }

        public void init(ServletConfig config)throws ServletException {
            this.config = config;
        }
        public void destroy() {
        }
        public ServletConfig getServletConfig() {
            return config;
        }
        public String getServletInfo() {
            return "A Simple Servlet";
        }
        public void service(ServletRequest req,   ServletResponse res)
                throws ServletException, IOException {
            res.setContentType("text/html;charset=UTF-8");
            PrintWriter out = res.getWriter();
            out.println("<html>");
            out.println("<head>");
            out.println("<title>Servlet 示例</title>");
            out.println("</head>");
            out.println("<body>");
            out.println("<h3><font color=blue>My first Servlet</font></h3>");
            out.println("</body>");
            out.println("</html>");
            out.close();
        }
}
```

（4）在服务器上运行程序，即可打开浏览器，在页面中输出指定的文字，如图 7-5 所示。

图 7-5 在页面中输出指定的文字

任务 2　使用 Servlet

|任务引入|

通过了解 Servlet 的工作原理和生命周期，小王知道了 Servlet 不仅可以作为组件实现与 JavaBean 类似的功能，还可以作为 Web 应用的控制中枢，使代码与页面分离，处理复杂的业务逻辑。那么，该如何创建并在 JSP 页面中使用 Servlet 呢？

|知识准备|

一、常用接口和类

Servlet 是创建 Web 应用程序的基本模块，Servlet API 包含两个包：javax.servlet 和 javax.servlet.http。其中，javax.servlet 包含用于 JSP 页面的 Servlet 基本类和接口；javax.servlet.http 包主要提供与 HTTP 协议相关的 Servlet 类和接口。编写 Servlet 时，根据具体需要继承这些类实现所需功能。

Servlet 的类和接口可以根据功能进行分类，见表 7-1。

表 7-1　Servlet 的类和接口分类

功　　能	类和接口	说　　明
Servlet 实现	javax.servlet.Servlet	Servlet 基本类，Servlet 程序需要直接或间接继承的抽象类和接口
	javax.servlet.SingleThreadModel	
	javax.servlet.GenericServlet	
	javax.servlet.http.HttpServlet	
Servlet 配置	javax.servlet.ServletConfig	与 Web 容器联系的接口，使 Web 容器在 Servlet 初始化时能够与 Servlet 联系
Servlet 异常	javax.servlet.ServletException	通用异常和特殊异常
	javax.servlet.UnavailableException	
请求和应答	javax.servlet.ServletRequest	Web 请求和响应类，这些类直接对应 Web 请求和响应。可以认为它们在 Servlet 和 Web 容器之间交互传递信息。用户请求将被转化为 HttpServletRequest 对象并传递给 Servlet。Servlet 将处理后的内容通过 HttpServletResponse 传回 Web 容器
	javax.servlet.ServletResponse	
	javax.servlet.ServletInputStream	
	javax.servlet.ServletOutputStream	
	javax.servlet.http.HttpServletRequest	
	javax.servlet.http.HttpServletResponse	

续表

功　能	类和接口	说　明
会话追踪	javax.servlet.http.HttpSession javax.servlet.http.HttpSessionBindingListener javax.Servlet.http.HttpSessionBindingEvent	在 Servlet 运行过程中，Web 容器使用该接口建立 HTTP 客户端和 Web 服务器的会话关系、侦听会话及处理会话
Servlet 上下文	javax.servlet.ServletContext	与 Web 程序联系的接口，使 Servlet 和 Web 程序进行连接。Servlet 之间也可以通过该接口共享数据
Servlet 协作	javax.servlet.RequestDispatcher	和其他 Web 资源共同作用的类，支持 Servlet 和 JSP、其他 Servlet 或 Web 资源之间的调用
其他	javax.servlet.http.Cookie javax.servlet.http.HttpUtils	其他类

下面介绍其中主要的类和接口的使用方法。

（1）javax.servlet.Servlet

该接口定义了 Servlet 初始化、执行服务和终止服务等和 Servlet 生命周期相关的基本方法。Web 容器并不关心方法的具体实现，它只关心该接口中规定的方法名。该接口中的方法将在 HttpServlet 和 GenericServlet 类中实现。一般在类中通过继承 HttpServlet 来间接使用该接口中定义的方法，如 init()、service()、destroy()。

（2）抽象类 javax.servlet.GenericServlet

该类是一个通用的 Servlet 类，其用法和 HTTP 协议无关，主要便于开发者自行开发其他 Web 协议的 Servlet 程序。该类实现接口 Servlet、ServletConfig 和 java.io.Serialization，继承该类需要实现其 service()方法。此外，还加入了 getInitParameter()和 log()等方法。

（3）抽象类 javax.servlet.http.HttpServlet

该类继承 GenericServlet 并实现接口 java.io.Serializable，是最常用的 Servlet 类，开发者需继承这个抽象类并实现其相关 doXxx()方法，并注意各个方法的线程关系，以免多个 Web 请求到来时产生错误响应。该类中的 service()方法通常不需要替换，而是调用和用户请求对应的 doXxx()方法，其中最常用的为 doGet()、doPost()、doPut()等方法。

（4）javax.servlet.SingleThreadModel

该接口保证 Servlet 每次只处理一个请求，Web 容器保证 service()方法不使用多线程。Web 容器通过两种方法来实现。

① 通过 Servlet 实例池创建并管理多个 Servlet 实例，每个实例在同一时间只处理一个请求。

② 一个 Servlet 按顺序处理多个请求。

（5）javax.servlet.ServletConfig

该接口使 Web 容器在 Servlet 初始化时向 Servlet 传递一些设置信息，这些信息在 Servlet 之外定义，如在 Web 容器中由部署描述文件 web.xml 指定的初始化变量。

（6）javax.servlet.ServletRequest

该接口定义来自客户端的请求，Web 容器根据客户端请求建立 ServletRequest 对象。

（7）javax.servlet.ServletResponse

该接口定义向客户端发送的响应，Web容器根据请求建立ServletResponse对象并作为参数传递给Servlet的service()方法。当Web容器通过该接口向客户端传递响应数据时，数据可以是二进制和文本类型。

发送二进制数据，用getOutputStream()方法取得ServletOutputStream对象；发送文本数据，用getWriter()方法取得PrinterWriter对象。

（8）抽象类javax.servlet.ServletInputStream

该类继承java.io.InputStream，可以从客户端请求中读取二进制数据，也可以接收客户端以HTTP协议post和put方式传来的数据，并加入了新方法readLine()。

（9）抽象类javax.servlet.ServletOutputStream

该类继承java.io.OutputStream，可以向客户端发送二进制数据，增加的print()和println()方法可以使Servlet向输出流输出各种数据。

（10）javax.servlet.http.HttpServletRequest

该接口继承javax.servlet.ServletRequest，提供请求信息，Servlet容器创建HttpServletRequest对象并将其作为变量传递给Servlet的doGet()、doPost()等方法。

（11）javax.servlet.http.HttpServletResponse

该接口继承javax.servlet.ServletResponse，提供与HTTP协议相关的方法，用于向客户端发送响应数据，也包括设置HTTP头信息的值。

（12）javax.servlet.http.HttpSession

本接口提供会话的管理机制，可用于识别一个用户和一系列Web请求的关联关系；还可以记载一些Web服务器所需的用户的一些特定信息。

（13）javax.servlet.ServletException

本类是Servlet的通用异常，在该异常里可以嵌入任何应用级的异常。

（14）javax.servlet.UnavailableException

该类继承javax.servlet.ServletException，是Servlet特殊类型的异常，负责告诉Servlet容器，暂时或永久地不能获得Servlet实例。

二、创建Servlet

创建一个HTTP Servlet通常包括以下4个步骤。

（1）扩展HttpServlet抽象类。

（2）重写某些方法，如doGet()和doPost()方法等。

在前面的介绍中，多次提到了doGet()和doPost()方法，那么这两个方法的功能是什么呢？当服务器引擎第一次接收到一个Servlet请求时，会使用init()方法初始化一个Servlet，以后每当服务器接收一个Servlet请求时，就会产生一个新的线程，并在这个线程中调用service()方法检查HTTP请求方式（如get、post等），同时根据用户的请求方式，相应地调用doGet()或doPost()方法。因此，在Servlet类中不必重写service()方法来响应用户，直接继承service()方法即可。但是可以在Servlet类中重写doGet()方法或doPost()方法来响应用户的请求，可以增加响应的灵活性，并降低服务器的负担。如果不论用户请求方式是 post 还是 get，服务器的处理过程都是一样的，那么只要在一个方法中编写处理过程，而在另外一个方法中调用它即可。当然，如果服务器对不同类型的请求进行不同的处理，就需要在两个方法中编写不同的处理过程了。

（3）如果有 HTTP 请求信息，则获取该信息。

用 HttpServletRequest 对象检索 HTML 表单所提交的数据或 URL 上的查询字符串。HttpServletRequest 对象含有特定的方法来检索客户端提供的信息，有 3 种可用的方法：

① getParameterNames()：获取请求中所有参数的名称。

② getParameter()：获取请求中指定参数的值。

③ getParameterValues()：获取请求中所有参数的值。

以上 3 种方法与 JSP 中 request 对象提供的方法功能相同，其实 request 对象本身就是一个 HttpServletRequest 类的实例。

（4）生成 HTTP 响应。

HttpServletResponse 类对象生成响应，并将它返回到发出请求的客户端。其方法允许设置请求标题和响应主体，响应对象还含有 getWriter()方法用于返回一个 PrintWriter 对象，使用该对象的 print()和 println()方法可以编写 Servlet 响应以返回给客户端；或直接使用 out 对象输出有关 HTML 文档内容。

一般的 Servlet 的基本结构如下。

```
package xxx;
import java.io.*;
import javax.servlet.*;
import javax.servlet.http.*
public class ServletTemplate extends HttpServlet {
    public void doGet(HttpServletRequest request, HttpServletResponse response)
            throws ServletException, IOException {
        //使用 request 对象获取 HTTP 请求信息
        //使用 response 对象生成 HTTP 响应
        //使用 out 对象向客户端返回信息
        PrintWriter out = response.getWriter();
        …
    }
}
```

案例——质数和因数分解

编写一个 Servlet，利用表单向 Servlet 提交一个正整数，如果提交方式是 post，Servlet 返回这个正整数的全部因数；如果提交方式为 get，Servlet 返回不大于这个正整数的所有质数。

（1）在 Eclipse 中创建一个名为 Factoring 的动态 Web 项目，右击项目名称，从弹出的快捷菜单中选择"New"→"Servlet"命令，打开"Create Servlet"对话框，输入包名称"ServletDemo"和类名称"GetPost"，如图 7-6 所示。

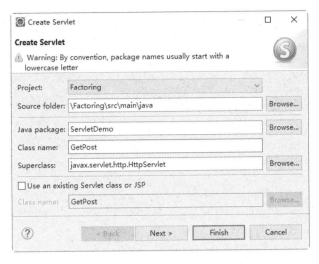

图 7-6 "Create Servlet"对话框

（2）单击"Finish"按钮关闭对话框，即可创建一个名为 GetPost.java 的 Servlet，该文件中已包含基本的程序框架。

（3）在类 GetPost 中添加 init()方法，并修改 doPost()方法和 doGet()方法，具体代码如下。

```
package ServletDemo;

import java.io.IOException;
import java.io.PrintWriter;
import javax.servlet.ServletConfig;
import javax.servlet.ServletException;
import javax.servlet.annotation.WebServlet;
import javax.servlet.http.HttpServlet;
import javax.servlet.http.HttpServletRequest;
import javax.servlet.http.HttpServletResponse;

/**
 * Servlet implementation class GetPost
 */
@WebServlet("/GetPost")
public class GetPost extends HttpServlet {
    private static final long serialVersionUID = 1L;
    public void init(ServletConfig config) throws ServletException{
        super.init(config);
    }
    public GetPost() {
        super();
    }

    /**
```

```
 * @see HttpServlet#doGet(HttpServletRequest request, HttpServletResponse response)
 */
    protected void doGet(HttpServletRequest request, HttpServletResponse response) throws ServletException, IOException {
        response.setContentType("text/html;charset=UTF-8");
        PrintWriter out=response.getWriter();
        out.println("<html>");
        out.println("<head>");
        out.println("<title>Get</title>");
        out.println("<body>");
        out.println("<div align='center'>");
        String numStr=request.getParameter("number");
        try{
            int num=Integer.parseInt(numStr);
            if(num==1){
                out.println("<h3><font color=blue>没有不大于1的质数有！</font></h3><br>");
            }
            else if(num>1){
                out.println("<h3><font color=blue>不大于"+num+"的所有质数有：</font></h3><br>");

                for(int i=2;i<num;i++){
                    boolean flag=true;
                    for(int j=2;j<i;j++){
                        if((i%j)==0) {
                            flag=false;
                            break;
                        }
                    }
                    if(flag==true){
                        out.println(i+" ");
                    }
                }
                out.println("<br>");
            }
            else{
                out.println("<h3><font color=red>您输入的数字有误！请确认是正整数</font></h3>");
            }
        }
        catch(NumberFormatException e){
            out.println("<h3><font color=red>您输入的数字有误！请确认是正整数</font></h3>");
        }
        out.println("</div>");
        out.println("</body>");
        out.println("</html>");
    }
```

```java
/**
 * @see HttpServlet#doPost(HttpServletRequest request, HttpServletResponse response)
 */
protected void doPost(HttpServletRequest request, HttpServletResponse response) throws ServletException, IOException {
    response.setContentType("text/html;charset=UTF-8");
    PrintWriter out=response.getWriter();
    out.println("<html>");
    out.println("<head>");
    out.println("<title>Post</title>");
    out.println("<body>");
    out.println("<div align='center'>");
    String numStr=request.getParameter("number");
    try{
        int num=Integer.parseInt(numStr);
        if(num>0){
            out.println("<h3><font color=blue>"+num+"的所有因数有：</font></h3><br>");
            for(int i=1;i<=(num/2);i++){
                if((num%i)==0)
                    out.println(i+" ");
            }
            out.println(num+"<br>");
        }
        else{
            out.println("<h3><font color=red>您输入的数字有误！请确认是正整数</font></h3>");
        }
    }
    catch(NumberFormatException e){
        out.println("<h3><font color=red>您输入的数字有误！请确认是正整数</font></h3>");
    }
    out.println("</div>");
    out.println("</body>");
    out.println("</html>");
}
```

（4）在服务器上运行程序，即可打开浏览器访问 Servlet。由于当前没有向该 Servlet 提交数值，因此在页面上显示相应的错误提示信息，运行结果如图 7-7 所示。

图 7-7　运行结果

三、调用 Servlet

调用 Servlet 的方法有如下几种。

（1）通过 URL 调用

指定 Servlet 名称，在浏览器窗口中输入 Servlet 的映射路径访问 Servlet。例如，在上一个案例中，在浏览器的地址栏中可以看到该 Servlet 的 URL 为：http://localhost:8080/项目名/Servlet映射路径。

另外，Servlet URL 中还可以包含查询信息，例如，在地址栏中输入"http://localhost:8080/Factoring/GetPost?number=20"，按 Enter 键，即可在页面中输出不大于 20 的所有质数。

（2）在<form>标签中调用

<form>标签使用户能在 Web 页面上输入数据，并向 Servlet 提交数据，例如：

```
<form action="/ProjectName/ServletName" method="post" name="form">
    <input type="text" size="20" name="text">
    <input type="submit" name="submit" value="确定">
</form>
```

（3）在<servlet>标签中调用

使用<servlet>标签来调用 Servlet，类似于使用<form>标签，不需要创建一个完整的 HTML 页面，而是 Servlet 仅输出 HTML 页面的一部分，并且是动态地嵌入到原始 HTML 页面中的其他静态内容中。

原始 HTML 页面包含<servlet>标签，Servlet 将在标签中被调用，且 Servlet 的响应将覆盖标签间的所有内容和标签本身。例如：

```
<servlet name="myServlet" code="myServlet.class" codebase="url" initparml="value">
        <param name="parml" value=""value">
</servlet>
```

案例——计算正整数的质数和因数

利用<form>标签调用上一个案例中创建的 Servlet，将两个表单分别通过 post 和 get 方式向 Servlet 提交一个正整数。

当提交方式是 post 时，Servlet 返回给用户这个正整数的全部因数；当提交方式是 get 时，Servlet 返回给用户不大于这个正整数的所有质数。

（1）在项目 Factoring 中添加一个名为 factorization.jsp 的 JSP 文件，创建两个表单，分别使用 post 和 get 方式提交给 Servlet 处理，具体代码如下。

```
<%@ page language="java" contentType="text/html; charset=UTF-8"
    pageEncoding="UTF-8"%>
<!DOCTYPE html>
<html>
<head>
<meta charset="UTF-8">
<title>质数和因数</title>
```

```html
</head>
<body>
<form action="/Factoring/GetPost" method="post" name="postform">
    请输入一个正整数，程序将计算其所有因数：
    <br>
    <input type="text" size="20" name="number">
    <input type="submit" name="submit" value="计算">
</form>
<br>
<form action="/Factoring/GetPost" method="get" name="getform">
    请输入一个大于 1 的正整数，程序将计算不大于它的所有质数：
    <br>
    <input type="text" size="20" name="number">
    <input type="submit" name="submit" value="计算">
</form>
<br>
</body>
</html>
```

（2）在服务器上运行该页面，即可打开浏览器，显示表单。在第一个文本框中输入一个正整数，如图 7-8 所示。单击"计算"按钮，即可跳转到 Servlet，调用 doPost()方法输出该整数的所有因数，如图 7-9 所示。

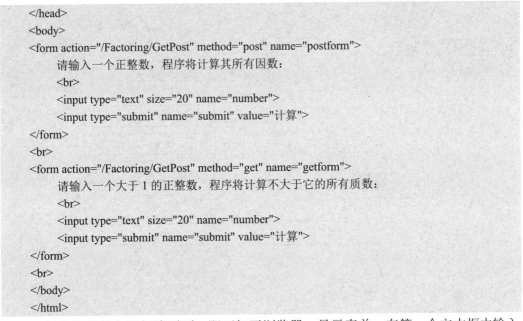

图 7-8　运行页面　　　　　　图 7-9　调用 doPost()方法处理请求

（3）返回上一个页面，在第二个文本框中输入一个大于 1 的正整数，然后单击"计算"按钮，即可将表单数据提交给 Servlet，调用 doGet()方法输出不大于该整数的所有质数，如图 7-10 所示。

图 7-10　调用 doGet()方法处理请求

项目总结

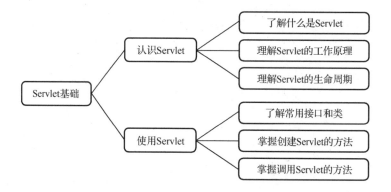

项目实战——猜数字游戏

下面利用两个 Servlet 实现一个简单的猜数字游戏。

开始的时候随机产生一个 1 到 100 的整数,玩家在规定次数内把这个数字猜出来就算赢,否则就算输。玩家每次输入一个数字后,服务器比较玩家输入的数字和初始生成的数字大小,并告知玩家猜大了、猜小了,还是猜对了。

(1) 在 Eclipse 中新建一个动态 Web 项目 GuessNumber,添加一个名为 GetNum.java 的 Servlet,用于随机分配一个 1 到 100 的整数给用户并存到 session 中,同时将一个值为 0 的数字存到 session 中,用来记录玩家猜过的次数。具体代码如下。

```java
//GetNum.java
package Guess;

import java.io.IOException;
import java.io.PrintWriter;
import javax.servlet.ServletConfig;
import javax.servlet.ServletException;
import javax.servlet.annotation.WebServlet;
import javax.servlet.http.HttpServlet;
import javax.servlet.http.HttpServletRequest;
import javax.servlet.http.HttpServletResponse;
import javax.servlet.http.HttpSession;

@WebServlet("/GetNum")
public class GetNum extends HttpServlet {
    private static final long serialVersionUID = 1L;
    public GetNum() {
```

```java
            super();
        }
        public void init(ServletConfig config)throws ServletException{
            super.init(config);
        }

        protected void doGet(HttpServletRequest request, HttpServletResponse response) throws ServletException, IOException {
            doPost(request,response);
        }
        protected void doPost(HttpServletRequest request, HttpServletResponse response) throws ServletException, IOException {
            response.setContentType("text/html;charset=UTF-8");
            PrintWriter out=response.getWriter();
            out.println("<html>");
            out.println("<head>");
            out.println("<title>猜数字</title>");
            out.println("</head>");
            out.println("<body bgcolor='#00CFFC'>");
            out.println("<div align='center'><h3>");
            HttpSession session=request.getSession(true);
            out.println("欢迎来到猜数字游戏！<br><br>随机生成一个 1 到 100 之间的整数，请你猜出来! ");
            session.setAttribute("count",0);
            session.setAttribute("number",(int)(Math.random()*100+1));
            out.println("<form action=/GuessNumber/Result method=post name=form >");
            out.println("<input type=text name=number >");
            out.println("<input type=submit name=submit value=确定>");
            out.println("</form>");
            out.println("</h3></div>");
            out.println("</body>");
            out.println("</html>");
        }
    }
```

（2）在项目中添加一个名为 Result.java 的 Servlet，用于处理玩家每次提交的数字。首先检查提交的数字是否为 1~100 的整数，如果是，则判断是否猜对；否则返回错误提示。具体代码如下。

```java
//Result.java
package Guess;

import java.io.IOException;
import java.io.PrintWriter;
import javax.servlet.ServletConfig;
import javax.servlet.ServletException;
import javax.servlet.ServletOutputStream;
```

```java
import javax.servlet.annotation.WebServlet;
import javax.servlet.http.HttpServlet;
import javax.servlet.http.HttpServletRequest;
import javax.servlet.http.HttpServletResponse;
import javax.servlet.http.HttpSession;

@WebServlet("/Result")
public class Result extends HttpServlet {
    private static final long serialVersionUID = 1L;
    public Result() {
        super();
    }
    public void init(ServletConfig config)throws ServletException{
        super.init(config);
    }

    protected void doGet(HttpServletRequest request, HttpServletResponse response) throws ServletException, IOException {
        doPost(request,response);
    }

    protected void doPost(HttpServletRequest request, HttpServletResponse response) throws ServletException, IOException {
        response.setContentType("text/html;charset=UTF-8");
        PrintWriter out=response.getWriter();
        out.println("<html>");
        out.println("<head>");
        out.println("<title>猜数字结果</title>");
        out.println("</head>");
        out.println("<body bgcolor='#00CFFC'>");
        out.println("<div align='center'><h3>");
        HttpSession session=request.getSession(true);
        try{
            String numStr=request.getParameter("number");
            if(numStr==null)numStr="";
            int guessnumber=Integer.parseInt(numStr);
            if(guessnumber<1||guessnumber>100){
                throw new NumberFormatException();
            }

            int count=((Integer)session.getAttribute("count")).intValue();
            if(guessnumber==num){
                count++;
                session.setAttribute("count", count);
                out.println("恭喜你，猜对了！<br>一共猜了"+count+"次。");
                out.println("<br><a href=/GuessNumber/GetNum>再来一次</a>");
            }
```

```
            else {
                if(guessnumber<num){
                count++;
                session.setAttribute("count", count);
                    out.println("猜的数小了！");
                    if(guessnumber<(num-10)){
                        out.println("太小了！");
                    }
                }
                else{
                count++;
                session.setAttribute("count", count);
                    out.println("猜的数大了！");
                    if(guessnumber>(num+10)){
                        out.println("太大了！");
                    }
                }
                if(count==6){
                    out.println("<br>对不起，你已经猜了 6 次了！");
                    out.println("<br>正确答案是"+num+"！");
                }
                else{
                    out.println("<br>请继续：<br>");
                    out.println("<form action=/GuessNumber/Result method=post name=form >");
                    out.println("<input type=text name=number >");
                    out.println("<input type=submit name=submit value=确定>");
                    out.println("</form>");
                }
            }
        
        }catch(NumberFormatException e){
            out.println("请确认填写的是数字，且在 1 到 100 之间！");
        }
        out.println("</h3></div>");
        out.println("</body>");
        out.println("</html>");
    }
}
```

（3）在服务器上运行 GetNum.java，即可打开浏览器，显示如图 7-11 所示的游戏开始页面。

（4）在文本框中输入一个数字，单击"确定"按钮，提交给 Result.java 处理，并显示比较结果，如图 7-12 所示。再次输入数字并提交，再次比较结果。

图 7-11　游戏开始页面　　　　　　图 7-12　猜数字的结果

（5）如果在 6 次之前猜对了，则显示如图 7-13 所示的提示信息。单击"再来一次"，跳转到游戏开始页面重新开始游戏。

（6）如果 6 次都没猜对，则显示如图 7-14 所示的提示信息，并显示实际数值。

图 7-13　猜对的提示信息　　　　　　图 7-14　猜错 6 次的提示信息

项目八

表达式语言

思政目标
➢ 关注行业动态，了解行业走向。
➢ 积极探索，培养精益求精的品质。

技能目标
➢ 能够熟知 EL 的基本语法，并在页面中使用 EL。
➢ 能够使用运算符和隐式对象获取数据。

项目导读

表达式语言可以使开发人员很便捷地从 JSP 页面访问数据。表达式语言使得 JSP 页面的开发不需要使用 Java Scriptlet 或者 Java 表达式，从而简化 JSP 应用程序的编写。本项目将介绍表达式语言的语法规则、内置对象和常用的运算符。

任务 1　EL 简介

| 任务引入 |

在设计程序时，如果要获取 JavaBean、Servlet 或其他 JSP 页面传递的值，小王都是通过在 JSP 页面中编写 Java 脚本来实现的，如使用<jsp:getProperty>动作获取 JavaBean 对象的属性值，然后使用 out 对象输出。

一次在论坛上学习时，小王发现一位网友获取输出数据的代码包含在 "${}" 之中，非常简洁，这种方式称为 EL。那么，什么是 EL？EL 采用什么语法存取数据呢？EL（如 ${1000 % 20}）貌似一个字符串，为什么输出的是 EL 的值（50）而不是字符串呢？

| 知识准备 |

一、什么是 EL

在 JSP 页面中，通常使用 Java 代码实现页面显示逻辑，因此在网页代码中，HTML 代码与 Java 代码混合存在，不便于网页的设计与维护。

EL 是 Expression Language（表达式语言）的简称，是用 "${}" 括起来的脚本，用于更方便地访问对象、读取数据及显示内容，可以替换 JSP 页面中实现显示逻辑的 Java 代码、访问和处理应用程序的数据，从而便于网页的维护。

二、基本语法

EL 的语法十分简单，类似于 JavaScript 的结构化语法。EL 使用圆点（.）和方括号（[]）两种运算符来存取数据。例如，要访问一个简单变量 name，可以这样书写代码。

```
<td>名称为：${name} </td>
```

如果要访问 JavaBean 组件 customer 的属性 birthday，可以使用如下代码，表示利用 customer 对象的 getBirthday()方法获取属性值并显示在网页上。

```
<td>顾客生日：${ customer.birthday}</td>
```

运算符 "." 和 "[]" 可以混用，如以下语句表示访问数组 customer 第一个元素的 birthday 属性。

```
<td>第一个顾客的生日：${ customer[0].birthday }</td>
```

不过，"." 和 "[]" 也有一定的差别，在下面两种情况中，就只能使用 "[]" 运算符来存取数据。

（1）要存取的属性名称中包含一些特殊字符，如"."或"-"等并非字母或数字的符号，如：

```
<td>顾客的生日：${ customer["new-Birthday"] }</td>
```

（2）要存取的属性名称是动态值，如下面语句中 property 为一个字符串变量，值为"new-Birthday"。

```
<td>顾客的生日：${ customer[property] }</td>
```

> 提示：如果要 JSP 编译器解析 EL，即以字符串方式显示"${…}"，只需在"$"符号前加上转义符，如"<td>\${name}值为： ${name} </td>"。

三、使用 EL

在 JSP 文件中，可以利用 page 指令的 isELIgnored 属性指定是否忽略 EL。其语法格式如下。

```
<%@ page isELIgnored=" true|false" %>
```

如果设置为 true，则 JSP 中的表达式将被当作字符串处理，如下面这个表达式。

```
${1000 % 20}
```

在 isELIgnored="true"时输出为${1000 % 20}，而 isELIgnored="false"时输出为 50。

如果要在整个 JSP 应用程序中都使用 EL，则需要修改配置文件 web.xml，增加如下内容。

```
<jsp-property-group>
<description> For config the ICW sample application </description>
<display-name>JSPConfiguration</display-name>
…
<el-ignored>false</el-ignored>
…
</jsp-property-group>
```

在 EL 中，还可以指定访问变量的范围。例如，下面的例子表示分别从 page、request、session 和 application 范围内读取变量数据。

```
<td>page 内保存的名称为：${pageScope.name} </td>
<td>request 内保存的名称为：${requestScope.name} </td>
<td>session 内保存的名称为：${sessionScope.name} </td>
<td>application 内保存的名称为：${applicationScope.name} </td>
```

如果没有指定读取哪个范围内的变量数据，那么 JSP 容器会首先从 page 范围内寻找变量，如果找不到，再继续在 request、session、application 范围内寻找。如果最后仍然没有找到，则返回 null。

EL 还支持自动转变类型，这是 EL 除方便存取变量的特性之外又一个优秀的特性，为开发者带来极大的方便。例如：

<td>顾客应该交纳：　${param.count+20} </td>

其中，param.count 是从表单提交的数据中获取的 count 变量的值，是一个 String 型的值。执行语句时，会优先将 param.count 转换为 int 型，然后将这个值与 20 相加，结果是 int 型的值。在进行类型转换时，如果发生错误，则抛出异常。

表达式语言中有一些保留字（见表 8-1），因此在命名变量时，不能使用这些名称作为变量名，否则编译时会发生错误。

表 8-1　表达式语言中的保留字

and	eq	gt	true	instanceof	or
ne	le	false	empty	not	lt
ge	null	div	mod		

任务 2　应用 EL 获取数据

| 任务引入 |

通过上一个任务的学习，小王知道了 EL 为存取变量、表达式运算和读取内置对象等提供了一种新的操作方式。既然是表达式，肯定会涉及运算符，EL 支持哪些运算符呢？使用 EL 怎样获取 JSP 内置对象的数据呢？

| 知识准备 |

一、运算符

在 EL 中，可以使用运算符进行一些简单的计算后输出结果。EL 支持的运算符包括算术运算符、关系运算符、逻辑运算符，如表 8-2、表 8-3、表 8-4 所示。

表 8-2　EL 算术运算符

运算符	说　　明	范　　例	范例结果
+	加	${20+3}	23
-	减	${20-3}	17
*	乘	${20*3}	60

续表

运 算 符	说 明	范 例	范 例 结 果
/ 或 div	除	${20/3}	6.666666666666667
% 或 mod	余	${20 mod 3}	2

表 8-3　EL 关系运算符

运 算 符	说 明	范 例	范 例 结 果
== 或 eq	等于	${5==5}	true
!= 或 ne	不等于	${5!=5}	false
< 或 lt	小于	${5<5}	false
> 或 gt	大于	${5 gt 5}	false
<= 或 le	小于等于	${5 le 5}	true
>= 或 ge	大于等于	${5 ge 5}	true

表 8-4　EL 逻辑运算符

运 算 符	说 明	范 例	范 例 结 果
&& 或 and	与	${ 5== 5 && 6==7}	false
|| 或 or	或	${ 5== 5 || 6==7}	true
! 或 not	非	${ not 5!= 6}	false

除了表 8-2、表 8-3、表 8-4 中所列出的算术运算符、关系运算符和逻辑运算符，EL 还提供如下三种运算符。

（1）empty 运算符：判断字符串、数组、Map、集合等数据结构是否为空。例如，如果变量 username 不存在，则${empty username}返回结果为 true。

（2）条件运算符(?:)：${A?B:C}，即当 A 为 true 时，执行 B 并返回结果，否则执行 C 并返回结果。

（3）括号运算符：嵌入计算表达式中，以改变执行优先级。

案例——常用运算符示例

本案例演示 EL 常用运算符的功能及使用方法。

（1）在项目 ELObjectDemo 中添加一个名为 operator.jsp 的文件，编写代码演示常用 EL 运算符的使用方法及运算结果。具体代码如下。

```
<!-- operator.jsp -->
<%@ page language="java" contentType="text/html; charset=UTF-8"
    pageEncoding="UTF-8"%>
<%@ page isELIgnored="false" %>
<!DOCTYPE html>
<html>
<head>
<meta charset="UTF-8">
```

```
<title>EL Operators Demo</title>
</head>
<body bgcolor=#CCCCFF>
<div align="center">
    <table border="1">
    <thead>
        <tr><td><b>EL Expression</b></td>
            <td><b>Result</b></td></tr>
    </thead>
    <tr>
        <td>\${20 + 3}</td>
        <td>${20 + 3}</td>
    </tr>
    <tr>
        <td>\${20 - 3}</td>
        <td>${20 - 3}</td>
    </tr>
    <tr>
        <td>\${20 * 3}</td>
        <td>${20 * 3}</td>
    </tr>
    <tr>
        <td>\${20 / 3}</td>
        <td>${20 /3}</td>
    </tr>
    <tr>
        <td>\${20 mod 3}</td>
        <td>${20 mod 3}</td>
    </tr>
    <tr>
        <td>\${5==5}</td>
        <td>${5==5}</td>
    </tr>
    <tr>
        <td>\${5!=5}</td>
        <td>${5!=5}</td>
    </tr>
        <tr>
        <td>\${5<5}</td>
        <td>${5<5}</td>
    </tr>
        <tr>
        <td>\${5 gt 5}</td>
        <td>${5 gt 5}</td>
    </tr>
        <tr>
        <td>\${5 le 5}</td>
        <td>${5 le 5}</td>
```

```
            </tr>
            <tr>
                <td>\${5 ge 5}</td>
                <td>${5 ge 5}</td>
            </tr>
            <tr>
                <td>\${ 5==5 && 6==7}</td>
                <td>${ 5==5 && 6==7}</td>
            </tr>
            <tr>
                <td>\${ 5==5 || 6==7}</td>
                <td>${ 5==5 || 6==7}</td>
            </tr>
            <tr>
                <td>\${ not (5!=6)}</td>
                <td>${ not (5!=6)}</td>
            </tr>
            <tr>
                <td>\${empty StringNull}</td>
                <td>${empty StringNull}</td>
            </tr>
        <tr>
            <td>\${(1==2) ? 3 : 4}</td>
            <td>${(1==2) ? 3 : 4}</td>
        </tr>
        </table>
    </div>
</body>
</html>
```

（2）在服务器上运行页面，即可看到运行结果，如图8-1所示。

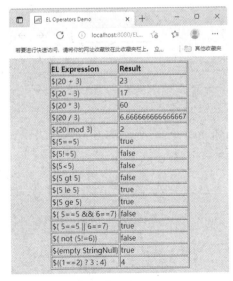

图8-1 运行结果

二、隐式对象

使用 EL 获取数据时，默认会以一定的顺序搜索 4 个作用域（page、request、session 和 application），并显示找到的第一个变量值。

一旦在某个作用域中找到变量的值，就立刻返回，否则返回 null。使用 EL 显示值时，如果得到的值为空，则不显示任何内容，也不会显示 null。

如果在不同的作用域中有同名的变量，如在 page 和 session 中有同名变量，但要获取的是 session 中的变量，就需要在 EL 中使用与范围有关的隐式对象指明作用域。

EL 的隐式对象如表 8-5 所示。

表 8-5　EL 的隐式对象

隐式对象	说　明
pageScope	获取 page 范围内属性名称所对应的值，为 Map 类型
requestScope	获取 request 范围内属性名称所对应的值，为 Map 类型
sessionScope	获取 session 范围内属性名称所对应的值，为 Map 类型
applicationScope	获取 application 范围内属性名称所对应的值，为 Map 类型
param	获取 HTTP 请求中的属性名称所对应的值，功能如 ServletRequest.getParameter()，为 Map 类型，返回值为 String 类型
paramValues	获取 HTTP 请求中的属性名称所对应的一组值，功能如 ServletRequest.getParameterValues()，为 Map 类型，返回值为 String[] 类型
pageContext	获取此 JSP 页面的 page 上下文信息，为 ServletContext 类型
header	获取 HTTP 头中的属性名称所对应的值，功能如 ServletRequest.getHeader()，为 Map 类型，返回值为 String 类型
headerValues	获取 HTTP 头中的属性名称所对应的一组值，功能如 ServletRequest.getHeaders()，为 Map 类型，返回值为 String[] 类型
cookie	获取用户 Cookies 中的属性名称所对应的值，功能如 ServletRequest.getCookiess()，为 Map 类型
initParam	功能如 ServletRequest.getInitParameter ()，为 Map 类型，返回值为 String 类型

（1）与范围有关的隐式对象

在表 8-5 中，与范围有关的 EL 隐式对象包含以下 4 个：pageScope、requestScope、sessionScope 和 applicationScope，它们的用法与 JSP 脚本中使用的 pageContext、request、session 和 application 对象基本相同。

如要在 session 中储存一个名称为 username 的属性，在 JSP 脚本中可以使用如下语句获得 username 的值。

session.getAttribute("username");

在 EL 中只要使用如下语句就可以获得 username 的值。

${sessionScope.username}

不过必须注意的是，这 4 个隐式对象只能用来获取范围属性值，即 JSP 脚本中的 getAttribute(String name)，却不能获取其他相关信息。而 JSP 脚本中的 request 对象除可以存取属性之外，还可以取得用户的请求参数或表头信息等。在 EL 中，需要使用专门的隐式对象来获取请求参数或表头信息。

（2）与输入有关的隐式对象

与输入有关的 EL 隐式对象有两个：param 和 paramValues，专门用于获取用户的 HTTP 请求参数。在 JSP 脚本中，获取用户的请求参数可以使用下列方法。

```
request.getParameter(String name);
request.getParameterValues(String name);
```

在 EL 中可以使用如下语句更为方便地获得请求参数。

```
${param.name}
${paramValues.name}
```

（3）pageContext

使用隐式对象 pageContext 可以获取其他有关用户请求或页面的详细信息。例如：

```
${pageContext.request.queryString}      //获得请求的参数字符串
${pageContext.request.requestURL}       //获得请求的 URL
${pageContext.request.contextPath}      //服务的 Web Application 的名称
${pageContext.request.method}           //获得 HTTP 请求的方式是 get 还是 post
${pageContext.request.protocol}         //获得使用的协议是 HTTP 1.1 还是 HTTP 1.0
${pageContext.request.remoteUser}       //获得用户名称
${pageContext.request.remoteAddr}       //获得用户的 IP 地址
${pageContext.session.new}              //判断 session 是否为新的
${pageContext.session.id}               //获得 session 的 id
```

（4）header 和 headerValues

HTTP 请求表头 header 中储存了用户浏览器和服务器端用来沟通的数据，如用户浏览器的版本、用户计算机所设定的区域等。使用 EL 的隐式对象 header 和 headerValues，可以方便地获取 HTTP 表头中数据的值。例如，以下语句可以获取用户浏览器的版本。

```
${header["User_Agent"] }
```

（5）cookie

Cookies 一般是指保存于用户浏览器中的一个文本文件，在这个文件中以 key-value 的格式存放了用户在浏览网站时的一些记录。使用 EL 的隐式对象 cookie，可以方便地获取 Cookies 中的 key 对应的值。例如，在 Cookies 中已经设定了一个 key 为 lastLoginTime 的值，使用如下语句可以获取它的值。

```
${cookie.lastLoginTime}
```

（6）initParam

使用隐式对象 initParam 可以获取 Web 站点的环境上下文参数。

案例——处理学生信息表单

使用 EL 的隐式对象处理学生信息表单。

(1) 在 Eclipse 中新建一个名为 ELObjectDemo 的动态 Web 项目，添加一个名为 studentinfo.jsp 的 JSP 文件，在其中创建一个 HTML 表单，用于录入学生信息。具体代码如下。

```jsp
<!-- studentinfo.jsp -->
<%@ page language="java" contentType="text/html; charset=UTF-8"
    pageEncoding="UTF-8"%>
<!DOCTYPE html>
<html>
<head>
<meta charset="UTF-8">
<title>录入信息</title>
</head>
<body bgcolor=#CCCCFF>
<div align="center">
<form name="form" method="post" action="information.jsp">
  <table>
    <tr>
      <td nowrap valign="top">姓名：
        <input type="text" name="name">
      </td></tr>
      <tr><td nowrap valign="top">年龄：
        <input type="text" name="age"></td></tr>
        <tr><td nowrap align="center" valign="top">专业：
        <select name="major" size="5">
          <option value="Chinese Literature">汉语言文学</option>
          <option value="Economics">经济学</option>
          <option value="International Trade">国际经济与贸易</option>
          <option value="Television Broadcasting">广播电视学</option>
          <option value=" Information and Computer Technology">信息与计算科学</option>
          <option value="Applied Meteorology">应用气象学</option>
        </select>
      </td></tr>
  </table><br>
<input type="submit" name="submit" value="提交">
</form>
</div>
</body>
</html>
```

(2) 在项目中添加一个名为 information.jsp 的 JSP 文件，用于处理提交的表单，使用 EL 的隐式对象输出学生信息，具体代码如下。

```
<!-- information.jsp -->
<%@ page language="java" contentType="text/html; charset=UTF-8"
    pageEncoding="UTF-8"%>
<!DOCTYPE html>
<html>
<head>
<meta charset="UTF-8">
<title>学生信息</title>
</head>
<body bgcolor=#CCCCFF>
<%@ page isELIgnored="false" %>
<br>姓名: ${param.name}
<br>年龄: ${param.age}
<br>专业: ${paramValues.major[0]}
</body>
</html>
```

（3）在服务器上运行页面 studentinfo.jsp，即可打开浏览器显示 HTML 表单，输入学生信息，如图 8-2 所示。

图 8-2　输入学生信息

（4）单击"提交"按钮，即可将信息提交给页面 information.jsp 进行处理，并输出相应的信息，如图 8-3 所示。

图 8-3　表单处理结果

项目总结

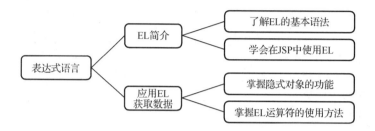

项目实战——录入商品信息

下面创建一个 JavaBean 封装商品信息，使用 EL 输出提交的商品属性值。

（1）在 Eclipse 中新建一个名为 ProductEL 的动态 Web 项目，添加一个名为 ProductBean.java 的 JavaBean，封装商品的属性和方法。具体代码如下。

```java
package product;

public class ProductBean {
    private String name;
    private String id;
    private String color;
    private double price;
    public ProductBean() {}
    public String getName() {
        return name;
    }
    public void setName(String name) {
        this.name = name;
    }
    public String getId() {
        return id;
    }
    public void setId(String id) {
        this.id = id;
    }
    public String getColor() {
        return color;
    }
    public void setColor(String color) {
        this.color = color;
```

```java
    }
    public double getPrice() {
        return price;
    }
    public void setPrice(double price) {
        this.price = price;
    }
}
```

（2）在项目中添加一个名为 showinfo.jsp 的 JSP 文件，用于提交并显示商品信息。通过 HTTP 表单参数值设置 JavaBean 对象的属性，然后使用 EL 输出 JavaBean 对象实例的属性值。具体代码如下。

```jsp
<%@ page language="java" contentType="text/html; charset=UTF-8"
    pageEncoding="UTF-8"%>
<% request.setCharacterEncoding("UTF-8");%>
<!DOCTYPE html>
<html>
<head>
<meta charset="UTF-8">
<title>录入商品信息</title>
</head>
<body>
<%--设置页面背景图像 --%>
<img src="bg.jpg" width="100%" height="100%" style="z-index:-100;position:fixed;left:0;top:0"/>
<br>
<div align="center">
<h3><font color=blue>录入商品信息</font></h3>
<jsp:useBean id="product" class="product.ProductBean" scope="request"></jsp:useBean>
<%--表单参数与属性自动匹配 --%>
<jsp:setProperty property="*" name="product"/>
<%--使用 EL 表达式输出实例的属性值 --%>
<font color=red>
品名：${product.name}/型号：${product.id}/颜色：${product.color}/单价：${product.price}<br><br>
</font>
<form action="showinfo.jsp" method="post">
名称：<input type="text" name="name"/><br>
型号：<input type="text" name="id"/><br>
颜色：<input type="text" name="color"/><br>
价格：<input type="text" name="price"/><br><br>
<input type="submit" value="提交"/>
</form>
</div>
</body>
</html>
```

（3）在服务器上运行 showinfo.jsp，即可打开浏览器，显示商品信息录入表单。填写表单，如图 8-4 所示。

图 8-4　填写表单

（2）单击"提交"按钮，即可显示提交的商品信息，如图 8-5 所示。

图 8-5　显示提交的商品信息

项目九

JSP 的文件操作

思政目标

➤ 学会理论联系实际,注重培养解决问题的能力。
➤ 善于发现和弥补知识欠缺,有意识地完善知识体系结构。

技能目标

➤ 能够使用文件对象操作文件和目录。
➤ 能够利用字节流和字符流读取和写入文件信息。

项目导读

很多时候,服务器需要把一些信息保存到文件中或者根据用户的需要把服务器端文件的内容显示给用户。通过 Java 的输入/输出流,JSP 可以实现对文件的读/写操作。本项目介绍在 JSP 中对文件进行读/写操作的方法。

任务 1　操作文件和目录

| 任务引入 |

在深入学习 JSP 的过程中，小王了解到 Java 提供了一些常用的输入/输出类，利用这些输入/输出类可以方便地实现文件和目录的读/写操作。小王想通过程序查看指定目录下的文件列表，如果目录不存在，就新建目录，那么在 JSP 中通过什么方式操作文件和目录呢？怎样查看特定文件和目录的属性呢？

| 知识准备 |

一、认识输入/输出类

使用 Java 提供的 I/O 流，可以实现文件的读/写操作。一般把输入流的指向称作源，程序从指向源的输入流中读取源中的数据；而输出流指向数据的目的地，程序向输出流中写入数据把信息传递到目的地。

Java 的文件输入/输出类在 java.io 包中，它的层次结构如图 9-1 所示。

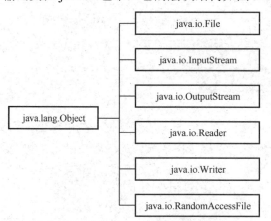

图 9-1　Java 文件输入/输出类层次结构

进行文件操作时，需要知道一些有关文件的信息。抽象类 File 提供了一些方法来操作文件和获得文件的信息。Java 把目录当作一种特殊的文件，即文件名的列表。通过 File 类的方法，可以得到文件和目录的描述信息，包括名称、所在路径、读写性、长度等，还可以生成新的目录和临时文件、改变文件名、删除文件、列出一个目录中所有的文件或与某个模式相匹配的文件等。

二、创建文件对象

在计算机系统中，文件是非常重要的存储方式。Java 的标准库 java.io 提供了 File 类来操作文件和目录。

创建一个文件对象可以使用以下三种语法格式：

（1） File(String filename)。

（2） File(String directoryPath, String filename)。

（3） File(File f, String filename)。

其中，filename 是文件名；directoryPath 是文件路径，可以是绝对路径，也可以是相对路径；f 是目录名。

> **注意**：Windows 平台使用 "\" 作为路径分隔符，在 Java 字符串中需要用转义字符 "\\" 表示 "\"，也可以直接使用 "/" 进行路径分隔。Linux 平台使用 "/" 作为路径分隔符。

表 9-1 列出了 File 类提供的常用方法。

表 9-1 File 类提供的常用方法

	方　法	方法功能
文件名操作	public String getName()	返回文件对象名字符串，字符串为空时返回 null
	public String toString()	返回文件名字符串
	public String getParent()	返回文件对象父路径名字符串，字符串为空时返回 null
	public File getParentFile()	返回文件对象父文件名，文件不存在返回 null
	public String getPath()	返回相对路径名字符串
	pulic String getAbsolutePath()	返回绝对路径名字符串
	public File getAbsoluteFile()	返回相对路径的绝对路径名字符串
	public boolean renameTo(File dest)	重命名指定的文件，正常重命名返回 true
	public boolean creatNewFile()	当指定文件不存在时，创建一个空文件，文件存在时返回 false
文件属性测试和修改	public boolean canRead()	测试应用程序是否能读指定的文件
	public boolean canWrite()	测试应用程序是否能写指定的文件
	public boolean exists()	测试指定文件是否存在
	public boolean isDirectory()	测试指定文件是否为目录
	public boolean isAbsolute()	测试路径名是否为绝对路径
	public boolean isFile()	测试指定的是否为一般文件
	public boolean isHidden()	测试指定文件是否为隐藏文件
	public boolean setReadOnly()	标记指定文件或目录属性为只读

续表

	方　法	方法功能
一般文件信息和工具	public long lastModified()	返回指定文件的最后修改时间
	public long length()	返回指定文件的字节长度
	public boolean delete()	删除指定的文件，若为目录，则需为空才可删除
	public void deleteOnExit()	当虚拟机执行结束时，请求删除指定的文件
	public boolean setLastModified(long time)	设置指定文件或目录的最后修改时间
目录操作	public boolean mkdir()	创建指定的目录
	public boolean mkdirs()	创建指定的目录，包含所有必需但不存在的父目录
	public String[] list()	返回指定目录下的文件，且存入字符串数组中
	public File[] listFiles()	返回指定目录下的文件，且存入文件数组中
	public static File[] listRoots	列出可用文件系统的根目录结构

案例——获取文件列表及文件信息

获取某个目录下所有文件及第一个文件的信息，如果该目录中没有文件，则创建一个文件。

（1）启动 Eclipse，创建一个名为 FileDemo 的动态 Web 项目，在其中添加一个名为 fileinfo.jsp 的 JSP 文件，在<body>标签内编写实现代码，具体如下。

```
<%@ page language="java" contentType="text/html; charset=UTF-8"
    pageEncoding="UTF-8"%>
<%@ page import="java.io.*"%>
<%@ page import="java.util.*"%>
<!DOCTYPE html>
<html>
<head>
<meta charset="UTF-8">
<title>获取文件列表信息</title>
</head>
<body>
<%
    File dir=new File("D:/jsp_source/FileDemo");
    File files[]=dir.listFiles();
    int length=files.length;
    if(length==0){
        out.println("该目录下没有文件！ ");
        try{
            File newfile=new File(dir,"newfile");
            if(newfile.createNewFile()){
                out.println("<br>成功创建新文件！ ");
            }
            else{
```

```
                    out.println("<br>无法创建新文件！");
                }
            }
            catch(IOException e){
                out.println("<br>无法创建新文件！");
            }
        }
        else{
            out.println("该目录下的文件列表如下：");
            for(int i=0;i<length;i++){
                out.println("<br>"+files[i].toString());
            }
            out.println("<br><br>第一个文件的性质:");
            File file1=new File(dir,files[0].toString());
            out.println("<br>可读？ "+file1.canRead());
            out.println("<br>可写？ "+file1.canWrite());
            out.println("<br>长度？ "+file1.length());
            out.println("<br>目录？ "+file1.isDirectory());
            out.println("<br>隐藏？ "+file1.isHidden());
        }
%>
</body>
</html>
```

（2）在服务器上运行该页面，即可打开浏览器，显示如图 9-2 所示的页面。

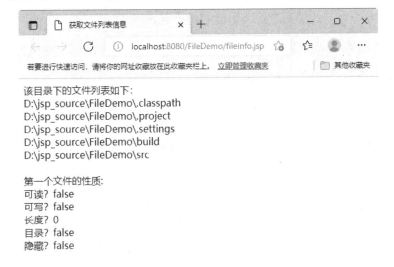

图 9-2 运行页面

如果指定的目录下没有文件，则提示"该目录下没有文件！"，并创建一个指定名称的文件"newfile"，再次刷新页面，由于此时文件夹不为空，则显示文件"newfile"的信息。

任务 2　字节流与字符流

| 任务引入 |

掌握了操作文件和目录的方法以后，小王想做一个简单的在线课堂小测验，使用一个文本文件保存题库。在 JSP 中，该使用什么方式读取文件中的内容呢？如果后期要将用户的答案输出到一个文件中，又该如何写入这些数据呢？

| 知识准备 |

根据操作 I/O 流的数据单元是一个字节还是一个字符（两个字节），可以将流分为字节流和字符流。I/O 流的操作只有读和写两种，该体系一共有四个基类，而且都是抽象类。

（1）字节流：InputStream 和 OutputStream。
（2）字符流：Reader 和 Writer。

在 Java 中，所有与输入流有关的类都是抽象类 InputStream（字节输入流）或抽象类 Reader（字符输入流）的子类；所有与输出流有关的类都是抽象类 OutputStream（字节输出流）或抽象类 Writer（字符输出流）的子类。这四个类的子类有一个共同特点：子类名后缀都是父类名，前缀都是这个子类的功能名称。

一、字节输入流

所有字节输入流都是抽象类 InputStream 的子类，该类提供的方法如表 9-2 所示。

表 9-2　InputStream 类提供的方法

方　　法	功　　能
public abstract int read()	从输入流中读一个字符；如果输入流结束，则返回-1；InputStream 类的子类必须覆盖该方法
public int read(byte[] b)	从输入流中读多个字节，存入字节数组 b 中；如果 b 的长度是 0，返回 0；如果输入流结束，返回-1
public int read(byte[] b,int off,int len)	从输入流中读最多 len 个字符，存入字节数组 b 中从 off 开始的位置，返回实际读入的字节数；如果 b 的长度是 0，返回 0；如果输入流结束，返回-1
public long skip(long n)	从输入流中最多向后跳 n 个字节，返回实际跳过字节数；n 为负数时，无跳动
public int available()	返回输入流中可读或可以跳过的字节数；InputStream 类总返回 0，该方法应该被子类重写

续表

方　　法	功　　能
public void close()	关闭输入流，并释放相应的系统资源
public void mark()	标记输入流的当前位置
public void reset()	重定位于 mark()方法标记的输入流的位置

从 InputStream 类派生出来的简单输入类很多，下面介绍常用的 FileInputStream 输入流。FileInputStream 类用于顺序访问文本文件，使用 FileInputStream 类可以访问本地文件系统中某个文件的一个字节、几个字节或者整个文件。

FileInputStream 类提供了两种构造方法：FileInputStream(String name)和 FileInputStream(File file)。建立字节文件流时，可能由于要打开的文件不存在等问题而抛出 I/O 错误信号，即 IOException 对象。程序需要使用一个 catch 块检测并处理这个异常。例如：

```
try{
    FileInputStream in=new FileInputStream("file.txt");
}
catch (IOException e){
    System.out.println("File read error: "+e);
}
```

FileInputStream 类重写了父类 InputStream 中的 read()、skip()、available()和 close()方法，但不支持 mark()和 reset()方法。要关闭 FileInputStream，可以使用 close()方法显式关闭，也可以通过 Java 的自动垃圾回收机制隐式关闭。

为了提高访问文件的效率，FileInputStream 流通常与 BufferedInputStream 流配合使用。BufferedInputStream 流是缓存输入流，构造对象时必须指向一个输入流。当要读取一个文件时，可以先建立一个指向该文件的文件输入流，然后创建一个指向文件输入流的输入缓冲流，最后调用输入缓冲流的 read()方法读取文件的内容。这样读取文件，输入缓冲流会进行缓存处理，提高读取的效率。

案例——读取本地文件

读取一个本地文本文件，并将文件内容发送到客户端。

（1）创建一个名为 sky.txt 的文本文件，保存在路径 "D:/jsp_source/" 下。文本文件内容如图 9-3 所示。

图 9-3　文本文件内容

（2）启动 Eclipse，在项目 FileDemo 中添加一个名为 inputstream.jsp 的 JSP 文件，在

<body>标签内编写实现代码，具体如下。

```jsp
<%@ page language="java" contentType="text/html; charset=UTF-8"
    pageEncoding="UTF-8"%>
<%@ page import="java.io.*"%>
<!DOCTYPE html>
<html>
<head>
<meta charset="UTF-8">
<title>读取文件内容</title>
</head>
<body>
<h1>
<%
    try{
        File myfile=new File("D:/jsp_source/sky.txt");
        FileInputStream in=new FileInputStream(myfile);
        BufferedInputStream bufferin=new BufferedInputStream(in);
        byte b[]=new byte[20];
        int n=0;
        while((n=bufferin.read(b))!=-1){
            String temp=new String (b,0,n);
            out.print(temp);
        }
        bufferin.close();
        in.close();
    }
    catch(IOException e){
        out.println("error!");
    }
%>
</h1>
</body>
</html>
```

（3）在服务器上运行该页面，即可打开浏览器，显示文本文件的内容，运行结果如图 9-4 所示。

图 9-4　运行结果

二、字节输出流

所有字节输出流都是抽象类 OutputStream 的子类,该类提供的方法如表 9-3 所示。

表 9-3　OutputStream 类提供的方法

方　法	功　能
public abstract void write(int b)	把指定的字节写入输出流中,通常把 b 的低 8 位写入输出流中,忽略其余 24 位
public void write(byte[] b)	把指定数据 b 的多个字节写入输出流中
public void write(byte[] b,int off,int len)	把字节数组 b 中从 off 位置开始的 len 个字节,写入输出流中
public void flush()	刷新输出流,并输出全部缓存内容
public void close()	关闭输出流

从 OutputStream 类派生出来的简单输出类很多,下面介绍常用的 FileOutputStream 输出流。FileOutputStream 类重写了父类 OutputStream 中的 write()方法和 close()方法,用于向一个文本文件写入数据。

与打开一个输入流类似,OutputStream 流可以将字符串或者文件对象作为参数:FileOutputStream(String name)和 FileOutputStream(File file)、FileOutputStream(String name,boolean append)和 FileOutputStream(File file,boolean append),前两个创建的输出流以覆盖方式向文件中写入数据,后两个创建的输出流以追加方式向文件中写入数据。

FileOutputStream 可以使用 close()方法显式关闭,也可以通过 Java 的自动垃圾回收机制隐式关闭。

同样,FileOutputStream 流通常与 BufferedOutputStream 流配合使用。当要写入一个文件时,可以先建立一个指向该文件的文件输出流,然后创建一个指向文件输出流的输出缓冲流,最后调用输出缓冲流的 write()方法向文件中写入数据。

> 注意:写入完毕,需调用 flush()方法将缓存中的数据存入文件中。

案例——保存表单信息

将服务器接收到的表单信息保存到当前目录下的 outputstreamjsp_.txt 文件中。

(1)在项目 FileDemo 中添加一个名为 outputstream.jsp 的 JSP 文件,在<body>标签内编写实现代码,具体如下。

```
<%@ page language="java" contentType="text/html; charset=UTF-8"
    pageEncoding="UTF-8"%>
<%@ page import="java.io.*"%>
<%!
    public String codeString(String s){
        String str=s;
            try{
```

```jsp
                byte b[]=str.getBytes("ISO-8859-1");
                str=new String (b);
                return str;
            }catch(Exception e){
                return "error";
            }
        }
%>
<!DOCTYPE html>
<html>
<head>
<meta charset="UTF-8">
<title>保存表单信息</title>
</head>
<body>
<h1>
<%
    String name=request.getParameter("text");
    if(name==null) name="";
    name=codeString(name);
    if(!name.equals("")){
        try{
            File myfile=new File("D:/jsp_source/outputstream.txt");
            FileOutputStream fout=new FileOutputStream(myfile);
            BufferedOutputStream bufferout=new BufferedOutputStream(fout);
            byte b[]=name.getBytes();
            bufferout.write(b);
            bufferout.flush();
            bufferout.close();
            fout.close();
            out.print("文件写入完成!");
        }
        catch(IOException e){
            out.print("error!");
        }
    }
    else{
%>
        <form action="outputstream.jsp" method="post" name="form">
            请输入您的昵称：<input type="text" value="" name="text">
        <input type="submit" value="发送" name="submit">
        </form>
        <%
    }
%>
</h1>
</body>
</html>
```

（2）在服务器上运行该页面，即可打开浏览器，显示表单内容。在文本框中输入昵称，如图 9-5 所示。

图 9-5　在文本框中输入昵称

（3）单击"发送"按钮，即可将表单提交给 outputstream.jsp 处理，获取文本框中的内容，并在指定目录位置新建一个名为 outputstream.txt 的文件，写入文本框中的内容。写入完成后，关闭输出流，并输出一条提示信息，运行结果如图 9-6 所示。

图 9-6　运行结果

此时，在指定目录下可以看到新建的 outputstream.txt 文件，打开该文件，可以看到写入文本框中的内容，如图 9-7 所示。

图 9-7　写入文本框中的内容

三、字符输入流

使用字节流读写文件时，由于字节流不能直接操作 Unicode 字符，读取不当会出现乱码现象，采用字符流则可以避免这个问题。

Reader 类是一个读入字符的抽象类，提供的方法如表 9-4 所示，所有的字符输入流都是它的子类。它的子类必须实现 read() 和 close() 方法。

表 9-4 Reader 类提供的方法

方　　法	功　　能
public int read()	从输入流中读入一个字符，一般返回一个 0 至 65535 的整数值；如果输入流结束，返回-1
public int read(char[] cbuf)	从输入流中读入多个字符，存入 cbuf 字符数组中，返回实际读入的字符数；如果输入流结束，返回-1
public abstract int read(char[] cbuf,int off,int len)	从输入流中读入最多 len 个字符，存入字符数组 cbuf 中从 off 开始的位置，返回实际读入的字符数；如果输入流结束，返回-1
public long skip(long n)	从输入流中最多向后跳 n 个字符
public boolean ready()	返回这个流是否做好读准备
public void mark(int readAheadLimit)	标记输入流的当前位置
public void reset()	重定位输入流
public abstract void close()	关闭输入流

通常 FileReader 流和 BufferedReader 流配合使用读取文件内容。首先构造 FileReader 类的对象，参数可以是文件名或文件对象，再创建一个指向 FileReader 对象的 BufferedReader 对象，使用 BufferedReader 提供的方法读取文件中的数据。除了 Reader 类提供的方法，BufferedReader 流还可以使用 String readLine()方法读取一行内容。

案例——在线测验

使用一个文件中的数据作为数据库，利用 JSP 访问文件，实现一个简单的网上在线测验程序。

（1）新建一个文本文件 exercises.txt，保存试题内容，如图 9-8 所示。

图 9-8 保存试题内容的 txt 文件

本案例中，所有试题均使用 8 行保存，第 1 行的内容"试题"为新的试题标记，第 2 行为试题内容，接下来的 4 行为试题的 4 个备选答案，第 7 行星号为分界标记，最后 1

行为答案。

（2）启动 Eclipse，新建一个名为 QuizDemo 的项目，然后在其中添加一个名为 quiz.jsp 的 JSP 文件，添加代码创建一个表单，用于获取应试者姓名，并使用字符流读取试题文件，输出试题。具体代码如下。

```jsp
<%@ page language="java" contentType="text/html; charset=UTF-8"
    pageEncoding="UTF-8"%>
<%@ page import="java.io.*"%>
<%!
    public String codeString(String s){
        String str=s;
            try{
            byte b[]=str.getBytes("ISO-8859-1");
            str=new String (b);
            return str;
        }catch(Exception e){
            return "error";
        }
    }
%>
<!DOCTYPE html>
<html>
<head>
<meta charset="UTF-8">
<title>课堂小测验</title>
</head>
<body>
<%
    if(session.isNew()){
        //如果 session 为新创建的对象，则填写应试者姓名
        %>
        <div align="center">
        <h1>
        <form action="quiz.jsp" method="post">
        请输入姓名：
        <input type="text" name="name">
        <br>
        <input type="submit" name="submit" value="开始测验">
        </form>
        </h1>
    </div>
    <%
    }else{
        //检查应试者姓名是否符合规范，如符合加入 session 对象中
        String username=(String)session.getAttribute("username");
        if(username==null){
```

```
        username=request.getParameter("name");
        if(username==null)username="";
        if(username.equals("")){
            session.invalidate();
            response.sendRedirect("quiz.jsp");
        }
        else{
            username=codeString(username);
            session.setAttribute("username",username);
        }
    }
    username=(String)session.getAttribute("username");
    try{
        //使用字符流访问试题文件
        File f=new File("D:/jsp_source/exercises.txt");
        FileReader in=new FileReader(f);
        BufferedReader buffer=new BufferedReader(in);
        String str=null;
        int i=0;
%>
<form name="testform" method="post" action="result.jsp">
<%
    String result="";
    //依次打印试题，并将标准答案存放在 result 中，与 session 对象绑定
    while((str=buffer.readLine())!=null){
        i++;
%>
        <B><%=str%><%=i%></B><br>
        <%=buffer.readLine()%><br>
        <input type="radio" value="A" name="radio<%=i%>">
        <%=buffer.readLine()%><br>
        <input type="radio" value="B" name="radio<%=i%>">
        <%=buffer.readLine()%><br>
        <input type="radio" value="C" name="radio<%=i%>">
        <%=buffer.readLine()%><br>
        <input type="radio" value="D" name="radio<%=i%>">
        <%=buffer.readLine()%><br>
        <br><%=buffer.readLine()%><br>
<%
        result=result+buffer.readLine();
    }
    session.setAttribute("result",result);
%>
<div align="center">
<input type="submit" name="submit" value="提交"></div>
</form>
<%
```

```
            }
            catch(IOException e){
                out.print("error");
            }
        }
%>
</body>
</html>
```

上面的代码使用字符输入流访问文件，每次读取 8 行，即一个试题单元。依次打印前 7 行，并在新的试题标记后追加试题编号。将最后 1 行的试题答案保存到 session 对象中。

（3）在项目中添加一个 JSP 文件 result.jsp，用于处理用户提交答案后的操作，与 session 对象中的标准答案进行比较，并输出最终答对的题数。具体代码如下。

```
<%@ page language="java" contentType="text/html; charset=UTF-8"
    pageEncoding="UTF-8"%>
<!DOCTYPE html>
<html>
<head>
<meta charset="UTF-8">
<title>测试结果</title>
</head>
<body>
<div align="center">
<%
    if(session.isNew()){
        response.sendRedirect("quiz.jsp");
    }
    //从 result 中读出标准答案
    String result=(String)session.getAttribute("result");
    int length=result.length();
    int score=0;
    //与标准答案进行比较，并计分
    for(int i=0;i<length;i++){
        String r=request.getParameter("radio"+(i+1));
        if(r==null) r="";
        if(!r.equals("")&&(result.charAt(i)==r.charAt(0))){
            score++;
        }
    }
    //显示答题情况
    out.print("<h1>总共<font color=green>"+length+"</font>道题目，您答对了<font color=red>"+score+"</font>道。</h1>");
%>
</div>
</body>
</html>
```

（4）在服务器上运行 quiz.jsp，打开浏览器显示表单，输入应试者姓名，如图 9-9 所示。

图 9-9　输入应试者姓名

（5）单击"开始测验"按钮，显示测试内容，单击单选按钮选择答案，如图 9-10 所示。

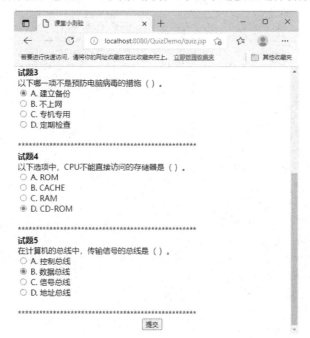

图 9-10　答题页面

（6）答题结束后，单击"提交"按钮，即可转到 result.jsp 页面处理答题情况，并输出答题情况，如图 9-11 所示。

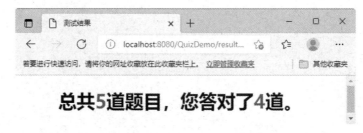

图 9-11　输出答题情况

四、字符输出流

Writer 类是一个向文件中写入字符的抽象类,提供的方法如表 9-5 所示,所有的字符输出流类都是它的子类。它的子类必须实现 write()、flush()和 close()方法。

表 9-5　Writer 类提供的方法

方法	功　能
public void write(int c)	把 c 中的字符写入输出流中;通常把 c 的低 16 位写入输出流中,忽略其余 16 位
public void write(char[] cbuf)	把数组 cbuf 中字符写入输出流中
public abstract void write(char[] cbuf,int off,int len)	把数组 cbuf 中从 off 位置开始的 len 个字符写入输出流中
public void write(String str)	把字符串 str 写入输出流中
public void write(String str,int off,int len)	把字符串 str 从 off 位置开始的 len 个字符写入输出流中
public abstract void flush()	刷新输出流,把全部缓存内容输出
public abstract void close()	关闭输出流

通常 Writer 类的子类 FileWriter 流和 BufferedWriter 流配合使用把字符数据写入文件中。首先构造 FileWriter 类的对象,参数可以是文件名或文件对象,再创建一个指向 FileWriter 对象的 BufferedWriter 对象,使用 BufferedWriter 提供的方法向文件中写入数据。除了 Writer 类提供的方法,BufferedWriter 流还可以使用 newLine()方法向文件中写入一个分隔符。

项目总结

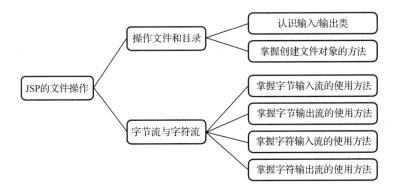

项目实战——下载文件

下面利用 JSP 内置对象 response 调用 getOutputStream()方法获取一个输出流，服务器将文件写入这个输出流中，从而实现文件的下载。

（1）新建一个名为 DownloadDemo 的动态 Web 项目，在其中添加一个名为 filelist.jsp 的 JSP 文件，提供指定目录下所有文件的下载链接，具体代码如下。

```jsp
<%@ page language="java" contentType="text/html; charset=UTF-8"
    pageEncoding="UTF-8"%>
<%@ page import="java.io.*"%>
<!DOCTYPE html>
<html>
<head>
<meta charset="UTF-8">
<title>文件列表</title>
</head>
<body>
<%
    try{
        String dirStr="D:/jsp_source/files";
        File dir=new File(dirStr);
        File file[]=dir.listFiles();
        out.print("<h3>请选择要下载的文件：</h3><br>");
        for(int i=0;i<file.length;i++){
            if(file[i].isFile()){
                String filename=file[i].getName();
%>
                  <a href="filedownload.jsp?filename=<%=filename%>">
<%=filename%></a><br>
<%
            }
        }
    }
    catch(IOException e){
        out.print("IOError!");
    }
%>
</body>
</html>
```

（2）在项目中添加一个名为 filedownload.jsp 的页面，用于在客户端单击文件链接时下载文件，具体代码如下。

```jsp
<%@ page language="java" contentType="text/html; charset=UTF-8"
    pageEncoding="UTF-8"%>
<%@ page import="java.io.*"%>
<%!
    public String codeString(String s){
        String str=s;
            try{
                byte b[]=str.getBytes("ISO-8859-1");
                str=new String (b);
                return str;
            }catch(Exception e){
                return "error";
            }
    }
%>
<!DOCTYPE html>
<html>
<head>
<meta charset="UTF-8">
<title>下载文件</title>
</head>
<body>
<%
    String filename=request.getParameter("filename");
    if(filename==null) filename="";
    if(!filename.equals("")){
        filename=codeString(filename);
        String dir="D:/jsp_source/files/";
        dir=dir+filename;
        try{
            File file=new File(dir);
            if(file.isFile()&&file.exists()){
                OutputStream ops=response.getOutputStream();
                FileInputStream in=new FileInputStream(file);
                byte b[]=new byte[1024];
                response.setHeader("Content-disposition","attachment;filename="+filename);
                response.setContentType("application/x-tar");
                long filelength=file.length();
                String length=String.valueOf(filelength);
                response.setHeader("Content_Length",length);
                int n=0;
                while((n=in.read(b))!=-1){
                    ops.write(b,0,n);
                }
                in.close();
                ops.close();
                out.print("over");
```

```
                }
            }
            catch(IOException e){
                out.print("IOError!");
            }
        }
        else{
            response.sendRedirect("filelist.jsp");
        }
%>
</body>
</html>
```

JSP 页面提供下载功能时，需要向客户端发送说明文件的 MIME 类型的头信息，浏览器调用相应的程序打开下载的文件。

（3）在服务器上运行页面 filelist.jsp，即可打开浏览器显示指定目录下的文件列表。将光标移动到要下载的文件上，可查看该文件的 URL，如图 9-12 所示。

图 9-12　查看该文件的 URL

（4）单击要下载的文件链接，即可下载指定的文件，如图 9-13 所示。此时单击"打开文件"链接，即可打开下载的文件。

图 9-13　下载指定的文件

项目十

访问数据库

思政目标

- 找对学习方法,注重知识的迁移,能举一反三。
- 学会应用创新,增强实践能力。

技能目标

- 能够利用常用的 SQL 语句查询、更新、添加和删除记录。
- 能够在 JSP 文件中使用 JDBC 访问数据库。

项目导读

在 Web 应用中,数据库扮演着十分重要的角色,绝大多数的 Web 应用都需要数据库的支持,如搜索引擎、大型电子商务系统等,没有强有力的数据库系统在服务器端提供支持,是很难实现的。在 JSP 中使用 Java 的 JDBC 技术,可以很容易地访问数据库,对数据库中的记录实现查询、修改、删除和添加等操作。

任务 1　常用 SQL 语句

| 任务引入 |

在上一个项目中，小王将文本文件当作数据库存储试题内容，实现了一个简单的在线测试功能。小王没有浅尝辄止，而是想到了一个很实际的问题：这样简单的数据存储访问方式在实际中并不实用。因为绝大多数的 Web 应用都需要存取大量的数据，而且会有修改或增删部分数据，或者仅显示满足条件的部分数据的需求，因此最好的方法还是使用数据库存储数据，使用 SQL 语句查询数据。

小王使用数据库软件 SQL Server 创建了一个存储学生成绩的数据库 performance，并创建了一个成绩表 score，录入了数据。如果他要查询、更新、添加或删除数据库中的数据，可以使用什么语句呢？

| 知识准备 |

关系数据库用"表"（table）结构陈述数据。表的"行"是构成表的基本元素，而"行"则是由表的"列"组成的，在表格中，一"行"即是一条完整的数据记录，而记录中的字段则是"列"。应用程序通过数据库查询语言对数据库进行存取操作。

Java 语言中的 java.sql 程序包提供了用户执行数据库结构化查询语言的 SQL（Structured Query Language）语句，它提供给数据库应用开发者一个访问数据库的标准接口。通过 SQL 可以使用 JDBC（Java DataBase Connectivity）对绝大多数的数据库进行访问，执行新增、查询、删除及修改等命令。使用 SQL 语句，不需要告诉数据库应该怎样存取数据，只要将 SQL 命令交给数据库，数据库系统自动完成这些工作。SQL 语言很复杂也很庞大，下面介绍常用的查询记录、更新记录、添加记录、删除记录的 SQL 语句，更多的 SQL 语句可以查阅相关资料。

一、查询记录

数据库查询语句用于从符合指定查询条件的行所在的一个或多个表中检索一个选定的列集。其语法格式如下。

```
SELECT [ALL|DISTINCT] <select_list>
FROM {<table_source>} [,N]
[WHERE <search_condition>]
[ORDER BY <column desigator> [ASC|DESC] [,<column desigator> [ASC|DESC]]…]
```

其中，table_source 是要查询的表名；search_condition 表示查询条件；关键字 ALL 表示从结果集中检索所有的行，不区别重复的行；关键字 DISTINCT 表示不允许有相同的行。ALL 和 DISTINCT 子句作用于结果集中的所有列，而且每条 SELECT 语句只能有一条 ALL 或者 DISTINCT 子句。

select_list 选择列表由一个或多个表达式组成；后面的 AS 子句是可选的，AS 子句指定的列名用于结果集中。

<expression> [AS<result column_name>]

简单的表达式可以是一个列名。例如，下面的语句表示从表 score 中检索 name 列中的所有数据。

SELECT name FROM score

AS 子句也能用于修改结果中的列名。例如，下面的语句表示将检索结果的列名指定为 student。

SELECT name AS student FROM score

用户也可以使用通配符（*）从所包含的表中指定所有的列。

SELECT * FROM score

ORDER 子句可以使查询结果集按照某个属性值排序，关键字 ASC 表示使查询结果按升序排列，关键字 DESC 表示使查询结果按降序排列。

案例——查询成绩表

数据库 performance 中的 score 表由一些学生的成绩数据组成，每个成绩单元都有四个属性（字段），即学生姓名（name）、数学成绩（Math）、语文成绩（Chinese）和英语成绩（English）。表中的一行，即为一条记录，如图 10-1 所示。

name	Math	Chinese	English
Tomy	90	85	90
Martin	92	84	90
Olivia	87	90	95
Susie	88	91	91

图 10-1 score 表

如果要查询该表中数学成绩在 90 分及以上的学生名单及对应的数学成绩，并将结果按降序排列，可以利用如下 SQL 语句。

SELECT name, Math
FROM score
WHERE (Math >= 90)
ORDER BY Math DESC

查询结果如图 10-2 所示。

图 10-2　查询结果

二、更新记录

UPDATE 语句用于更新表中的列。其语法格式如下。

UPDATE <table name>
SET <column name> = {<expression>|null}
[,<column name> = {<expression>|null}]…
WHERE <search condition>

UPDATE 语句用于更新表中某些列的值。用户可以根据查询条件对列进行更新，其判断条件就是 WHERE 子句。利用 WHERE 子句可以对指定数目的列进行更新，并且能赋给这些列表达式或 NULL。

例如，使用以下语句，可以在 score 表中修改学生 Olivia 的数学和英语成绩。

UPDATE　score
SET　　　Math = 89, English = 92
WHERE　 (name = 'Olivia')

注意：SQL 语句中的字符串应使用单引号括起来。

执行该语句之后，score 表如图 10-3 所示。

name	Math	Chinese	English
Tomy	90	85	90
Martin	92	84	90
Olivia	89	90	92
Susie	88	91	91

图 10-3　更新记录后的 score 表

三、添加记录

INSERT 语句用于在一个表中插入单行或多行，同时赋给每列相应的值，如果这个值支持它们定义的物理顺序中的所有的值，则不需要列名。其语法格式如下。

INSERT [INTO]{table_name|view_name}

{[column_list]}
{VALUES({DEFAULT|NULL|<expression>}[,......])}

例如，下面的语句表示在 score 表中插入学生 Alex 的成绩记录。

INSERT INTO score
(name, Math, Chinese, English)
VALUES ('Alex', 87, 93, 92)

执行上面的语句后，score 表如图 10-4 所示。

name	Math	Chinese	English
Tomy	... 90	85	90
Martin	... 92	84	90
Olivia	89	90	92
Susie	88	91	91
Alex	87	93	92

图 10-4 插入记录后的 score 表

四、删除记录

在数据库中删除记录使用 DELETE 语句，其语法格式如下。

DELETE FROM table_name [WHERE <search condition>]

如果有查询条件，则删除与查询条件相符的行；如果没有查询条件，将删除所有的记录。

例如，下面的语句表示删除表 score 中语文成绩小于 90 分的记录。

DELETE FROM score
WHERE   (Chinese < 90)

执行上面的语句后，score 表如图 10-5 所示。

name	Math	Chinese	English
Olivia	89	90	92
Susie	88	91	91
Alex	87	93	92

图 10-5 删除记录后的 score 表

任务 2 使用 JDBC 访问数据库

| 任务引入 |

小王掌握了常用的查询语句后，想利用 JSP+数据库制作一个简易的网上投票系统，

但是怎样将数据库与 JSP 应用程序关联起来呢？他查看相关资料得知，JDBC 为连接数据库提供了统一的规范，决定采用 JDBC 访问数据库。接下来该如何在系统中部署 JDBC，连接数据库呢？查询数据后怎样输出满足条件的数据记录呢？

| 知识准备 |

很多数据库依赖具体的语言或平台，并缺少可供 Java 直接接入的接口。Java 语言提供了一系列的类，利用这些类可以使 Java 语言采用相同的 API 对不同的数据库进行操作，从而提高 Java 程序的多数据库的可移植性。这些类位于 java.sql 包和 javax.sql 包中，共同组成了 JDBC。

一、JDBC 简介

说到 JDBC，很容易联想到微软的 ODBC（Open Database Connectivity），但 JDBC 的结构和 ODBC 大不相同。ODBC 是用 C 语言实现的标准应用程序数据接口，而 JDBC 是基于 Java 语言的，能充分发挥 Java 的优秀特性，比如平台无关性、面向对象特性等。

JDBC 是一种可用于执行 SQL 语句的 Java 应用程序设计接口。它由一些 Java 语言编写的类、界面组成，给数据库应用开发人员、数据库前台工具开发人员提供了一种标准的应用程序设计接口，使开发人员可以用纯 Java 语言编写完整的数据库应用程序。通过使用 JDBC，开发人员可以很方便地将 SQL 语句发送给几乎任何一种数据库。不仅如此，用 JDBC 编写的程序能够自动将 SQL 语句发送给相应的数据库管理系统，而不必编写不同的程序以访问不同的数据库。

JDBC 的这些优良特性，使得各种已经安装在数据库中的事务处理程序可继续正常运行，即使这些事务处理程序存储在不同的数据库管理系统中；而对新的数据库应用程序来说，开发时间将缩短，安装和版本升级将大大简化。

简单地说，JDBC 能实现下面三种功能。
① 与一个数据库建立连接；
② 向数据库发送 SQL 语句；
③ 处理数据库返回的结果。

若要使用 JDBC 访问某种数据库中的数据，计算机上必须安装下列组件。
① JDBC Driver；
② Java Runtime Environment（JRE）。

二、部署 JDBC 驱动程序

在连接到数据库之前，必须首先在本地计算机或服务器上安装数据库，并且必须在本地计算机上安装 JDBC 驱动程序。

不同版本的 JDBC 驱动程序对 JRE 的要求也不相同，因此部署 JDBC 驱动程序之前，要先选择正确的 JAR 类库文件。例如 Microsoft JDBC Driver 10.2 安装包中包含三个 JAR

类库：mssql-jdbc-10.2.0.jre8.jar、mssql-jdbc-10.2.0.jre11.jar 和 mssql-jdbc-10.2.0.jre17.jar。其中，mssql-jdbc-10.2.0.jre11.jar 需要 Java 运行时环境（JRE）11.0 及以上版本，使用 JRE 10.0 或更低版本会引发异常。mssql-jdbc-10.2.0.jre17.jar 需要 JRE 17.0 及以上版本，使用较低版本会引发异常。JDBC 驱动程序的具体系统要求可参见对应的官网说明。

由于 JDBC 类库文件不是 Java SDK 的一部分，因此，在下载合适的类库文件后，应将 JAR 类库文件包含在用户应用程序的环境变量 CLASSPATH 中。如果使用 JDBC Driver 10.2，应在 CLASSPATH 中包括 mssql-jdbc-10.2.0.jre8.jar、mssql-jdbc-10.2.0.jre11.jar 或 mssql-jdbc-10.2.0.jre17.jar，如图 10-6 所示。

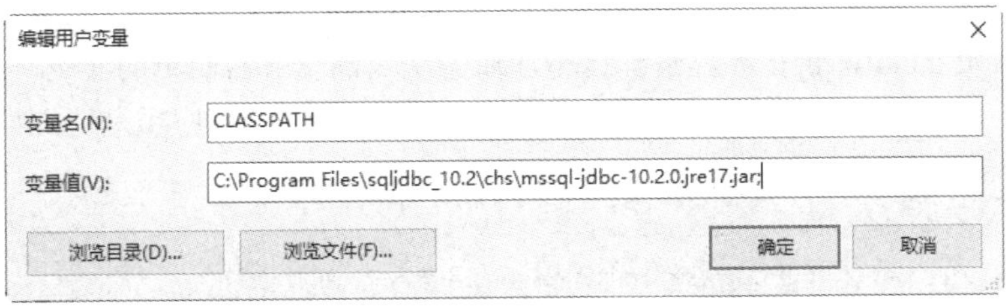

图 10-6　设置环境变量 CLASSPATH

如果在 IDE 中运行应用程序，还需要将 JAR 类库文件添加到 IDE 类路径中。例如，在 Eclipse 中，选择"Window"→"Preferences"→"Java"→"Installed JREs"命令，在弹出的对话框右侧的 JRE 列表中选中 Eclipse 对应的 JRE，然后单击"Edit"按钮，在打开的"Edit JRE"对话框中单击"Add External JARs"按钮，添加 JDBC 类库，如图 10-7 所示。

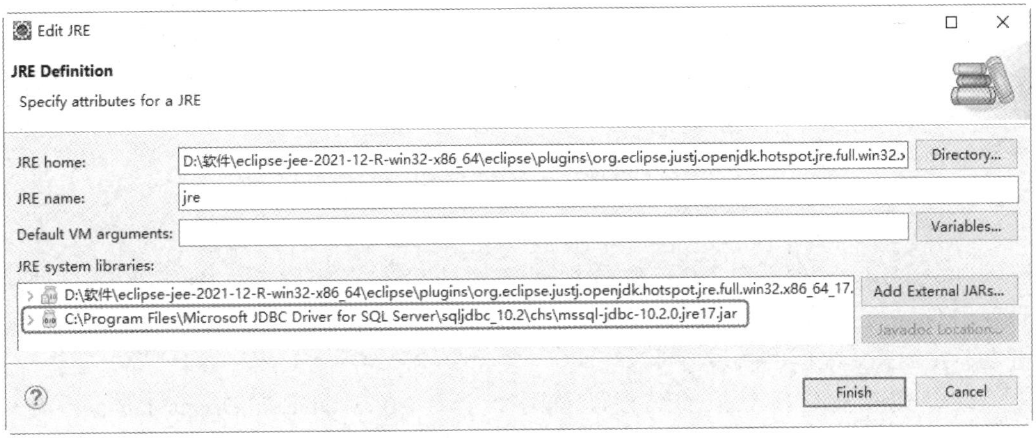

图 10-7　在 IDE 中添加 JDBC 类库

三、连接数据库

使用 JDBC 操作数据库的第一步就是连接数据库，连接一个数据库一般包含两个步骤，即用 JVM 注册 JDBC 驱动程序和建立连接，这些操作使用 JDBC 中的 Driver 接口、DriverManager 类和 Connection 接口实现。

1．注册驱动程序

注册驱动程序就是将特定数据库的驱动程序类装载到 JVM 中。每种数据库的驱动程序都提供一个实现 Driver 接口的类，简称 Driver 类，是应用程序必须首先加载的类，用于向 java.sql.DriverManager 类注册该类的实例，以便驱动程序管理类 DriverManager 管理数据库驱动程序。

一种常用的注册方法就是在程序中注册驱动程序类，使用 java.lang.Class 类的静态方法 forName(String className)加载要连接的数据库驱动程序类，并将加载的类自动向 DriverManager 类注册，参数为要加载的数据库驱动程序的完整类名。如果加载失败，则抛出 ClassNotFoundException 异常。这种注册方法只需要非常简单的代码。

例如，下面的程序段可用于检测 SQL Server 数据库驱动程序类是否加载成功。

```
try {
//加载 JDBC 驱动器
    Class.forName("com.microsoft.sqlserver.jdbc.SQLServerDriver");
    out.println("驱动器类加载成功");
}catch(ClassNotFoundException e) {
    out.println("加载驱动器类时出现异常");
}
```

> **提示**：在加载驱动程序之前，应确保驱动程序已经在 Java 编译器的类路径中，否则会抛出找不到相关类的异常信息。要在项目中添加数据库驱动程序，可以将下载的 JDBC 驱动程序直接存放在 Web 服务器的"WEB-INF/lib/"目录下。

值得一提的是，从 JDBC API 4.0 开始，DriverManager.getConnection()方法得到了增强，可自动加载 JDBC 驱动程序。因此，使用驱动程序 JAR 库时，应用程序不需要调用 Class.forName()方法来注册或加载驱动程序。当前通过使用 Class.forName()方法加载驱动程序的现有应用程序可继续工作，不需要修改。

2．建立连接

加载 Driver 类后，JVM 和数据库之间还没有直接联系，接下来就是调用 DriverManager 类的静态方法 getConnection()获得一个数据库连接对象，建立 Java 应用程序与指定数据库之间的联系。

建立数据库连接对象的过程涉及两个主要 API：java.sql.DriverManager 类和 java.sql.Connection 接口。DriverManager 是 JDBC 用于管理驱动程序的类，主要用于管理用户程序与特定数据库的连接。Connection 接口类对象是应用程序连接数据库的连接对象，主要作用是调用 createStatement()方法创建语句对象。Connection 接口的主要方法如表 10-1 所示。

表 10-1　Connection 接口的主要方法

方　　法	说　　明
createStatement()	基于当前 Connection 对象，创建 Statement 对象

续表

方法	说明
createStatement(int resultSetType, int resultSetConcurrency)	创建一个 Statement 对象，该对象将生成具有给定类型和并发性的 ResultSet 对象
commit()	提交所有更改内容并释放该 Connection 对象锁定的资源
close()	关闭该数据库连接
preparedStatement()	基于本连接对象，创建 PreparedStatement 对象
prepareCall(String sql)	创建一个 CallableStatement 对象来调用数据库存储过程
rollback()	取消本轮事务中前面已经提交的更改
isReadOnly()	检索此 Connection 对象是否处于只读模式
setReadOnly()	设置此 Connection 对象的读写模式，默认为非只读模式
isClosed()	检索此 Connection 对象是否已经被关闭

一般使用下面的语句建立连接。

Connection con = DriverManager.getConnection(URL, "user", "password");

单个 JVM 可能支持多个并发应用程序，这些应用程序可能使用不同的驱动程序连接到数据库，DriverManager 怎么选择正确的驱动程序呢？方法很简单，就是提供 URL 参数。每个 JDBC 驱动程序使用一个专门的 JDBC URL，格式如下。

jdbc:子协议:数据库定位器

其中，子协议与 JDBC 驱动程序有关，根据实际的 JDBC 驱动程序厂商不同而不同。数据库定位器是与驱动程序有关的指示器，用于唯一指定应用程序要与哪个数据库进行交互，根据驱动程序的类型，可能包括主机名、端口和数据库系统名。很多驱动程序还接受在 URL 末尾附加参数，如数据库账号的用户名和密码。

参数 user 和 password 分别为用户登录数据库管理系统的用户名及密码。如果没有为数据源设置用户名和密码，参数设为空串即可。

下面是连接 SQL Server 数据源 student 的语句。

Connection con = DriverManager.getConnection("jdbc:microsoft:sqlserver://localhost:1433;DatabaseName=student", "", "");

访问数据库时，程序可能会抛出 SQL 异常，则完整的数据库连接格式如下。

```
try{
    Connection con = DriverManager.getConnection(URL, "myLogin","myPassword");
}catch(SQLException e){
    //do something or do nothing
}
```

下面给出访问一些主流的数据库时，加载驱动的示例。
（1）连接 Oracle 数据库。

Class.forName("oracle.jdbc.driver.OracleDriver");

String url="jdbc:oracle:thin:@localhost:1521:orcl"; //orcl 为数据库的 SID
Connection con= DriverManager.getConnection(url, "user","password");

（2）连接 SQL Server 2005 以上的数据库。

Class.forName("com.microsoft. sqlserver. jdbc.SQLServerDriver");
String url="jdbc:sqlserver://localhost:1433;DatabaseName=sample";
Connection con= DriverManager.getConnection(url, "user","password");

（3）连接 MySQL 数据库。

Class.forName("com.mysql.jdbc.Driver");
String url="jdbc:mysql://localhost:3306/sample";
Connection con= DriverManager.getConnection(url, "user","password");

四、查询数据库

对数据库进行查询，一般分为两个步骤：向数据库发送 SQL 指令和返回结果集。

1．向数据库发送 SQL 指令

向数据库发送 SQL 指令需要使用 Statement 接口类对象声明一个 SQL 语句，然后通过创建的数据库连接对象调用 createStatement()方法创建这个语句对象，例如：

```
try{
        Statement sql=con.createStatement();
}
catch(SQLException e){
}
```

Statement 接口定义了执行语句和获取结果的基本方法，用于将不带参数的简单 SQL 语句发送到数据库，并获取指定 SQL 语句的执行结果。Statement 接口的主要方法如表 10-2 所示。

表 10-2　Statement 接口的主要方法

方　　法	说　　明
execute(String sql)	执行给定的 SELECT 语句，可能返回多个结果集
executeQuery(String sql)	执行给定的 SELECT 语句，返回单个结果集
executeBatch()	批量处理多个命令，如果全部命令执行成功，返回更新计数组成的数组
addBatch(String sql)	将给定的 SQL 命令添加到 Statement 对象的当前命令列表中。如果驱动程序不支持批量处理，将抛出异常
close()	释放 Statement 对象占用的数据库和 JDBC 资源

当 Connection 对象处于默认状态时，所有 Statement 对象的执行都是自动的，也就是说，当 Statement 对象执行 SQL 语句时，该 SQL 语句马上提交数据库进行操作并返回结果。如果将连接修改为手动提交的事务模式，则只有执行 commit()方法时，才会提交相应的数据库操作。Statement 对象使用完毕，最好采用显式的方式将其关闭。

如果要执行动态 SQL 语句，可使用 PreparedStatement 接口对象，该接口继承自 Statement 接口，具有 Statement 接口的所有方法。由于 PreparedStatement 接口对象包含已编译的 SQL 语句，因此执行速度比 Statement 对象快。

PreparedStatement 接口常用的方法如表 10-3 所示。

表 10-3　PreparedStatement 接口常用的方法

方　　法	说　　明
executeQuery()	执行 SQL 查询语句，返回结果集
executeUpdate()	执行动态 INSERT、UPDATE 或 DELETE 语句
setInt(int index, int k)	将 SQL 命令字符串中出现次序为 index 的参数设置为 int 型值 k
setFloat(int index, float k)	将 SQL 命令字符串中出现次序为 index 的参数设置为 float 型值 k
setLong(int index, long k)	将 SQL 命令字符串中出现次序为 index 的参数设置为 long 型值 k
setDouble(int index, double k)	将 SQL 命令字符串中出现次序为 index 的参数设置为 double 型值 k
setDate(int index, date k)	将 SQL 命令字符串中出现次序为 index 的参数设置为 date 型值 k
setString(int index, String s)	将 SQL 命令字符串中出现次序为 index 的参数设置为 String 型值 s
setNull(int index, int sqlType)	将 SQL 命令字符串中出现次序为 index 的参数设置为 SQL NULL
clearParameters()	清除当前所有参数的值

通过调用 Connection 接口对象的 preparedStatement()方法可获得 PreparedStatement 对象，例如：

```
Connection conn = DriverManager.getConnection(url,"user","password");
PreparedStatement pstmt = conn.preparedStatement(String sql);
```

使用 preparedStatement()方法创建 PreparedStatement 对象时，需要使用 SQL 命令字符串作为参数，这样才能实现 SQL 命令预编译。在 SQL 命令中可以包含一个或多个 IN 参数，也可以使用"?"作为占位符。在调用 executeQuery()或 executeUpdate()方法之前，使用 setXxx()方法为占位符赋值。

例如，下面的程序段利用 PreparedStatement 对象在 score 表中插入了一条记录。

```
try{
//在 SQL 命令中使用 4 个占位符
String sql = "insert into score(name,Math,Chinese,English) values(?,?,?,?)";
//创建 PreparedStatement 对象
PreparedStatement pstmt = conn.preparedStatement(sql);
//为 4 个占位符赋值
pstmt.setString(1,"Jeson");
pstmt.setInt(2,85);
pstmt.setInt(3,92);
pstmt.setInt(4,94);
pstmt.executeUpdate();        //执行插入操作
}
catch(IOException e){
}
```

2．返回结果集

调用 executeQuery()方法或 executeUpdate()方法对数据库中的表进行查询和修改后，JDBC 将数据库返回的查询结果封装为 java.sql.ResultSet 接口类型的对象，例如：

ResultSet rs=sql.executeQuery("select * from student");

ResultSet 接口用于获取语句对象执行 SQL 语句后返回的结果，类似于一个临时表，用于暂时存放对数据库中的数据执行查询操作后的结果。ResultSet 接口对象包含符合 SQL 语句中条件的所有记录的集合，并具有指向当前数据行的游标。当获得一个 ResultSet 后，游标指向第一行记录之前的位置，通过 next()方法可移动到下一行，没有下一行时返回 false。获得一行数据后，ResultSet 对象可以使用 getString()、getByte()、getDate()、getDouble()、getInt()等方法获得字段值，方法的参数可以是字段的索引或者字段的名称。

默认情况下，ResultSet 的游标只能向下一行单向移动，如果要在结果集中向前移动或显示结果集指定的某条记录，则需要数据库返回的是一个可以滚动的结果集。为了得到一个可以滚动的结果集，可以调用数据库连接对象的 createStatement(int type,int concurrency)方法。

其中，type 的取值决定滚动方式，可以取的值有：

① ResultSet.TYPE_FORWORD_ONLY：结果集的游标只能向下滚动。

② ResultSet.TYPE_SCROLL_INSENSITIVE：结果集的游标可以上下移动，当数据库变化时，当前结果集不变。

③ ResultSet.TYPE_SCROLL_SENSITIVE：返回可以滚动的结果集，当数据库变化时，当前结果集同步改变。

concurrency 的取值决定是否可以用结果集更新数据库，可以取的值有：

① ResultSet.CONCUR_READ_ONLY：不能用结果集更新数据库中的表。

② ResultSet.CONCUR_UPDATETABLE：能用结果集更新数据库中的表。

ResultSet 接口的常用方法如表 10-4 所示。

表 10-4　ResultSet 接口的常用方法

方　　法	说　　明
getInt(int columnIndex)或 getInt(String columnLabel)	以 int 形式返回 ResultSet 对象当前数据行指定列的值。如果列值为 NULL，返回 0
getFloat(int columnIndex)或 getFloat(String columnLabel)	以 float 形式返回 ResultSet 对象当前数据行指定列的值。如果列值为 NULL，返回 0
getDate(int columnIndex)或 getDate(String columnLabel)	以 date 形式返回 ResultSet 对象当前数据行指定列的值。如果列值为 NULL，返回空值
getBoolean(int columnIndex)或 getBoolean(String columnLabel)	以 boolean 形式返回 ResultSet 对象当前数据行指定列的值。如果列值为 NULL，返回空值
getString(int columnIndex)或 getString(String columnLabel)	以 String 形式返回 ResultSet 对象当前数据行指定列的值。如果列值为 NULL，返回空值
first()	游标移到当前记录的第一行

续表

方法	说　明
next()	游标移到当前记录的下一行
last()	游标移到当前记录的最后一行
beforeFirst()	将游标移动到结果集的初始位置，即第一行之前
beforeLast()	将游标移动到结果集的最后一行之后
ifFirst()	判断游标是否指向结果集的第一行
isLast()	判断游标是否指向结果集的最后一行
absolute(int row)	将游标移动到参数 row 指定的行号，需要注意的是，如果 row 取负值，指倒数的行数，即 absolute(-1)表示移动到最后一行
getRow()	获取当前游标所指行的行号，行号从 1 开始，如果结果集没有行，则返回 0

案例——网上投票

下面设计一个简单的网上投票系统，分为两个功能页面：一个是投票页面（vote.jsp），另一个是处理客户投票并查看投票结果的页面（dealvote.jsp）。

（1）在 SQL Server 中创建一个名为 votesystem.mdb 的数据库，在数据库中建立两个表，分别为 candidate 和 voter。其中，candidate 表中包含两个字段 name 和 count，分别表示候选人和候选人已得的选票数量，如图 10-8 所示。voter 表的结构如图 10-9 所示，其中只有一个字段，用于记录投票人（即选举人）的 ID。

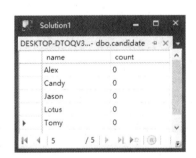

图 10-8　candidate 表原始记录　　　　图 10-9　voter 表的结构

（2）在 Eclipse 中创建一个名为 Vote 的动态 Web 项目，添加一个名为 vote.jsp 的 JSP 文件，编写代码制作投票页面。具体代码如下。

```
<!--vote.jsp-->
<%@ page language="java" contentType="text/html; charset=UTF-8"
    pageEncoding="UTF-8"%>
<%@page import="java.sql.*"%>
<!DOCTYPE html>
<html>
```

```
<head>
<meta charset="UTF-8">
<title>"业绩之星"投票</title>
</head>
<body bgcolor=#CCFFCC>
<div align="center">
<h2><font color="blue">"业绩之星"投票  </font></h2>
<br>
<div align="left"><b>
<p><font color="red">注意事项：</font></p>
<p>    1.每个用户ID只能投票一次</p>
<p>    2.可以增加其他候选人提名</p>
</b>
</div>
<br>
<br>
<form action="dealvote.jsp" method="post" name="voteform">
<%
    try{
        String url="jdbc:sqlserver://localhost:1433;databaseName=votesystem;trustServerCertificate=true";
        Connection con = DriverManager.getConnection(url,"sa","123456");
        Statement sql  =con.createStatement();
        //查询数据库，获得数据库中所有候选人姓名
        String condition="select name from candidate";
        ResultSet rs=sql.executeQuery(condition);
%>
        <table border="1" height="25">
        <tr width="300" height="25">
        <td width="200">姓名</td>
        <td width="100">投 TA 一票</td>
        </tr>
<%
        while(rs.next()){
            String name=rs.getString(1);
            if(name!=null){
%>
                <tr height="25">
                <td ><%=name%></td>
                <td width="100">
                <input type="radio" name="radio" value="<%=name%>"></td>
                </tr>
<%
            }
        }
        con.close();
    }
    catch(SQLException e ){
```

```
            out.print(e);
        }
%>
</table>
<br>
提名候选人：<input type="text" name="newname">
<br>
选举人姓名：<input type="text" name="voter">
<br>
<br>
<input type="submit" name="submit" value="提交">
<input type="reset" name="reset" value="重置">
</form>
</div>
</body>
</html>
```

该页面中包括一个用于选择候选人的单选按钮组、一个提名候选人的文本框和一个填写选举人姓名的文本框，最后是"提交"按钮和"重置"按钮。单选按钮组中列出所有存在于 candidate 表中的候选人。

（3）在项目中添加一个名为 dealvote.jsp 的 JSP 文件，用于处理投票结果。具体代码如下。

```
<!--dealvote.jsp-->
<%@ page language="java" contentType="text/html; charset=UTF-8"
    pageEncoding="UTF-8"%>
<%@page import="java.sql.*"%>
<%!
    public String codeString(String s){
        String str=s;
            try{
            byte b[]=str.getBytes("ISO-8859-1");
            str=new String (b);
            return str;
        }catch(Exception e){return str;}
    }
%>

<!DOCTYPE html>
<html>
<head>
<meta charset="UTF-8">
<title>投票结果</title>
</head>
<body bgcolor=#CCFFCC>
<div align="center">
<%
```

```java
Connection con;
Statement sql;
String condition;
ResultSet rs;
String name;
int count;
//处理表单信息
String ID=request.getParameter("voter");
if(ID==null) ID="";
ID=codeString(ID);
name=request.getParameter("radio");
if(name==null) name="";
name=codeString(name);
String newname=request.getParameter("newname");
if(newname==null) newname="";
name=codeString(name);
if(!ID.equals("")&&(!name.equals("")||!newname.equals(""))){
    //如果投票符合规范
    try{
        con=DriverManager.getConnection("jdbc:sqlserver://localhost:1433;databaseName=votesystem;trustServerCertificate=true","sa","123456");
        sql=con.createStatement();
        //检查选举人是否已经投过票
        condition="SELECT * FROM voter WHERE ID='"+ID+"'";
        rs=sql.executeQuery(condition);
        if(rs.next()){
            out.print("您已经投过票了！");
        }
        else{
            //若候选人已经在数据库中，则对应count加1
            //否则加入新的记录
            if(name.equals("")) name=newname;
            condition="SELECT * FROM candidate WHERE name='"+name+"'";
            rs=sql.executeQuery(condition);
            if(rs.next()){
                count=rs.getInt(2)+1;
                condition="UPDATE candidate SET count="+count+"WHERE name='"+name+"'";
                sql.executeUpdate(condition);
            }else{
                condition="INSERT INTO candidate VALUES ('"+newname+"',1)";
                sql.executeUpdate(condition);
            }
            out.print("您投票成功了！");
            condition="INSERT INTO voter VALUES ('"+ID+"')";
```

```
                    sql.executeUpdate(condition);
                }
                con.close();
            }
            catch(SQLException e ){
                out.print(e);
            }
        }else{
            out.print("你提交的表单有误，请重新填写！");
        }
%>
<h1>投票结果 </h1>
<br>
<%
    try{
        con=DriverManager.getConnection("jdbc:sqlserver://localhost:1433;databaseName=votesystem;trustServerCertificate=true","sa","123456");
        sql=con.createStatement();
        //查询投票结果，降序排列结果集
        condition="SELECT *FROM candidate ORDER BY count DESC";
        rs=sql.executeQuery(condition);
%>
        <table width="300" border="1" height="25">
        <tr width="300" height="25">
        <td width="200">姓名</td>
        <td width="100">票数</td>
        </tr>
<%
        while(rs.next()){
            name=rs.getString(1);
            count=rs.getInt(2);
            if(name!=null){
%>
                <tr width="300" height="25">
                <td width="200"><%=name%></td>
                <td width="100"><%=count%></td>
                </tr>
<%
            }
        }
        con.close();
    }
    catch(SQLException e ){
        out.print(e);
    }
```

```
%>
</table><br>
<a href="vote.jsp">返回 </a>
</div>
</body>
</html>
```

处理投票时,首先获取选举人提交的表单信息,判断选举人是否正确提交选票,确认投票信息是否有效。若投票信息是有效的,则检查选举人的 ID 是否已经存在于 voter 表中。若选举人的 ID 是新的,则将选举人的选票加入数据库中,对应候选人的 count 加 1;而如果选举人提名一个新的候选人,则在 candidate 表中相应增加一条记录,最后把选举人的 ID 加入 voter 表中。

投票结束后,页面会从数据库的 candidate 表中获得所有候选人的姓名和选票,并将选票数量显示在客户端。

(4)在服务器上运行 vote.jsp 文件,显示如图 10-10 所示的投票页面,列出 candidate 表中的所有候选人,开始时所有人的票数都为 0。

(5)选择候选人 Candy 并输入选举人姓名,单击"提交"按钮,跳转到 dealvote.jsp 页面进行处理,并输出投票结果,如图 10-11 所示,可以看到 Candy 的票数增加为 1。

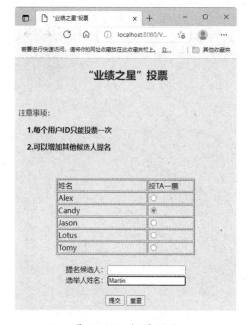

图 10-10　投票页面

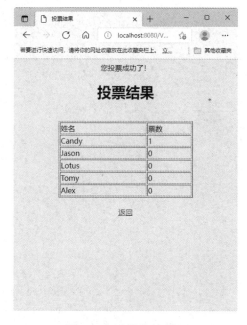

图 10-11　投票结果

(6)单击"返回"返回到投票页面,提名候选人并输入选举人姓名,如图 10-12 所示。单击"提交"按钮,即可在投票结果页面看到候选人名单中添加了一个相应的记录,且得票数为 1,如图 10-13 所示。

如果选举人在单选按钮组中选择了一个候选人的同时又提名了新的候选人,则系统只处理已有的候选人投票。

项目十 访问数据库

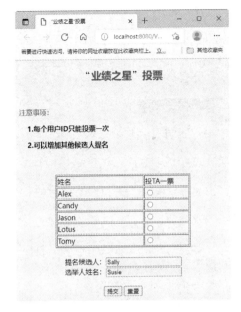

图 10-12 增加候选人

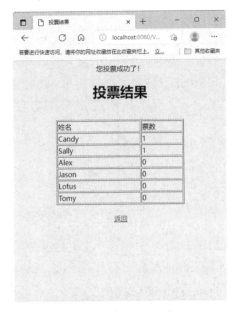

图 10-13 查看结果

项目总结

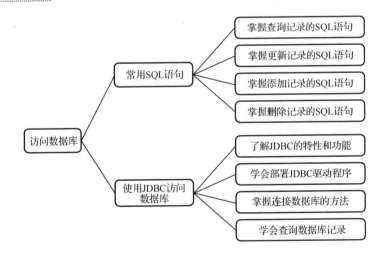

项目实战——留言板

下面利用 JSP 访问数据库实现一个留言板。留言板功能很简单，对于任何访问留言板的用户，都可以进行如下的操作。

① 添加一条留言。
② 浏览留言标题。

③ 阅读一条留言。

（1）打开 SQL Server，创建一个名为 board 的数据库，并在数据库中添加一个名为 board 的表，表中有如图 10-14 所示 4 个字段，分别为 time（留言时间）、message（留言内容）、fromid（留言人姓名）和 title（留言标题）。

图 10-14　设计表 board

（2）在 Eclipse 中创建一个名为 BBS 的动态 Web 项目，添加一个名为 board.jsp 的 JSP 文件，编写代码制作留言列表页面。具体代码如下。

```jsp
<!-- board.jsp 显示留言列表-->
<%@ page language="java" contentType="text/html; charset=UTF-8"
    pageEncoding="UTF-8"%>
<%@ page import="java.sql.*"%>
<%@ page import="java.util.*"%>
<%!
    public String codeString(String s){
        String str=s;
        try{
            byte b[]=str.getBytes("ISO-8859-1");
            str=new String (b);
            return str;
        }catch(Exception e){return str;}
    }
%>
<!DOCTYPE html>
<html>
<head>
<meta charset="UTF-8">
<title>留言列表</title>
</head>
<body bgcolor=#CCFFFF>
<%
    try{

        String title;
        String time;
        String fromid;
        String url="jdbc:sqlserver://localhost:1433;databaseName=board;trustServerCertificate=true";
        Connection con=DriverManager.getConnection(url,"sa","123456");
        Statement sql=con.createStatement();
```

```jsp
            //从数据库中读取所有的留言记录
            String condition="SELECT * FROM board ";
            ResultSet rs=sql.executeQuery(condition);
            int rowcount=0;
        %>
        <div align="center">
        <table border="1"><tr>
        <td width="400" valign="middle" align="center"><b>时间</b></td>
        <td width="100" valign="middle" align="center"><b>作者</b></td>
        <td width="300" valign="middle" align="center"><b>标题</b></td>
        </tr>
        <%
        while(rs.next()){
            //逐条显示留言时间、留言人姓名（作者）、留言标题，并在标题处提供链接
            rowcount++;
            time=rs.getString("time");
            fromid=rs.getString("fromid");
            title=rs.getString("title");
        %>
        <tr>
        <td width="400" valign="middle" align="center"><%=time%></td>
        <td width="100" valign="middle" align="center"><%=fromid%></td>
        <td width="300" valign="middle" align="center">
        <a href="showboard.jsp?rowcount=<%=rowcount%>"><%=title%></a></td>
        </tr>
        <%
        }
        %>
        </table>
        <br>
        <a href="addboard.jsp">我要留言</a>
<%
        con.close();
    }catch(SQLException e){
        out.print("SQL error!"+e);
    }
%>
</div>
</body>
</html>
```

（3）在项目中添加一个名为 addboard.jsp 的 JSP 文件，创建一个表单，用于填写留言表单，包括留言人姓名、留言标题和留言内容，具体代码如下。

```jsp
<!-- addboard.jsp 添加留言-->
<%@ page language="java" contentType="text/html; charset=UTF-8"
    pageEncoding="UTF-8"%>
```

```html
<!DOCTYPE html>
<html>
<head>
<meta charset="UTF-8">
<title>添加留言</title>
</head>
<body bgcolor=#CCFFFF>
<div align="center">
<h2><font color=blue>添加留言</font></h2>
<form method="post" action="dealmessage.jsp" name="addboard">
    留言人：<input type="text" size=20 maxlength=20 name=fromid>
    <br>
    标题：<input type="text" size=20 maxlength=20 name="title">
    <br>
    内容
    <br>
    <textarea rows="10" cols="40" wrap="soft" name="message"></textarea>
    <br>
    <input type="submit" value="确定" name="addboard">
    <input type="reset" value="重置" name="reset">
</form>
</div>
</body>
</html>
```

（4）在项目中添加一个名为 showboard.jsp 的 JSP 文件，用于显示留言的详细信息，具体代码如下。

```jsp
<!-- showboard.jsp  显示留言详情-->
<%@ page language="java" contentType="text/html; charset=UTF-8"
    pageEncoding="UTF-8"%>
<%@ page import="java.sql.*"%>
<%@ page import="java.util.*"%>
<%!
    public String codeString(String s){
        String str=s;
        try{
            byte b[]=str.getBytes("ISO-8859-1");
            str=new String (b);
            return str;
        }catch(Exception e){return str;}
    }
%>

<!DOCTYPE html>
<html>
<head>
```

```jsp
<meta charset="UTF-8">
<title>留言详情</title>
</head>
<body bgcolor=#CCFFFF>
<%
    try{
        String title;
        String time;
        String message;
        String fromid;
        String url="jdbc:sqlserver://localhost:1433;databaseName=board;trustServerCertificate=true";
        Connection con=DriverManager.getConnection(url,"sa","123456");
        Statement sql=con.createStatement();
        String condition="SELECT * FROM board ";
        ResultSet rs=sql.executeQuery(condition);
        int rowcount=0;
        String temp=request.getParameter("rowcount");
        int rc=1;
        try{
            rc=(Integer.valueOf(temp)).intValue();
        }
        catch(NumberFormatException e){
            response.sendRedirect("board.jsp");
        }
        while(rs.next()){
            rowcount++;
            if(rowcount==rc){
                title=rs.getString("title");
                time=rs.getString("time");
                message=rs.getString("message");
                fromid=rs.getString("fromid");
%>
                <div align="center">

                <table  border="1">
                <tr>
                    <td width="100">标题</td>
                    <td width="400"><%=title%></td>
                </tr>
                <tr>
                    <td width="100">时间</td>
                    <td width="400"><%=time%></td>
                </tr>
                <tr>
                    <td width="100">作者</td>
                    <td width="400"><%=fromid%></td>
                </tr>
```

```
                    <tr>
                        <td width="100">内容</td>
                        <td width="400"><%=message%></td>
                    </tr>
                </table>
            <%
            }
        }
        %>
        <%
            con.close();
        }catch(SQLException e){
            out.print("SQL error!"+e);
        }
        %>
        <a href="board.jsp">返回</a><br><br>
    </div>
</body>
</html>
```

（5）在项目中添加一个名为 dealmessage.jsp 的 JSP 文件，用于处理用户的留言请求，获得留言时间，其他信息符合规范则将留言添加到数据库中，具体代码如下。

```
<!-- dealmessage.jsp  处理留言-->
<%@ page language="java" contentType="text/html; charset=UTF-8"
    pageEncoding="UTF-8"%>
<%@ page import="java.sql.*"%>
<%@ page import="java.util.*"%>
<%!
    public String codeString(String s){
        try{
            return new String (s.getBytes("ISO-8859-1"));
        }catch(Exception e){
            return s;}
    }
%>
<%
    String fromid=request.getParameter("fromid");
    String title=request.getParameter("title");
    String message=request.getParameter("message");
    if(fromid==null) fromid="";
    if(title==null) title="";
    if(message==null) message="";
    if(fromid.equals("")||title.equals("")){
        //如果留言人姓名或留言标题为空则提示重新留言
        out.print("<center><h1>请正确填写留言内容!</h1></center>");
    }
```

```
        else{
            //如果留言符合规范则将留言加入数据库中
            java.util.Date date = new java.util.Date();
            String time=date.toString();
            title=codeString(title);
            message=codeString(message);
            fromid=codeString(fromid);
            try{
                String  url="jdbc:sqlserver://localhost:1433;databaseName=board;trustServerCertificate=true";
                Connection con=DriverManager.getConnection(url,"sa","123456");
                Statement sql = con.createStatement();
                String insert="insert into board values (?,?,?,?)";
                PreparedStatement pstmt=con.prepareStatement(insert);
                pstmt.setString(1,time);
                pstmt.setString(2,message);
                pstmt.setString(3,fromid);
                pstmt.setString(4,title);
                pstmt.executeUpdate();
                pstmt.close();
                con.close();
                response.sendRedirect("board.jsp");
            }catch(SQLException e){
                out.print("SQL error!"+e);
            }
        }
    }
%>
```

（6）在服务器上运行 board.jsp 文件，即可打开浏览器，显示留言列表。首次运行该页面时，由于数据表中没有留言数据信息，留言列表仅显示表头，如图 10-15 所示。

图 10-15　留言列表

（7）单击"我要留言"，跳转到 addboard.jsp 页面，可输入留言人姓名、标题和内容，如图 10-16 所示。

（8）单击"确定"按钮，将表单数据提交给 dealmessage.jsp 页面进行处理，添加到数据库中。处理完成后，跳转到 board.jsp 页面，显示留言列表，如图 10-17 所示。

图 10-16　添加新的留言

图 10-17　显示留言列表

（9）在留言列表中单击要查看的留言标题，即可跳转到 showboard.jsp 页面，显示该留言的标题、时间、作者和内容等详细信息，如图 10-18 所示。

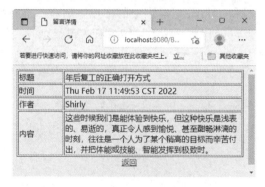

图 10-18　查看留言详细信息